21 世纪全国高等院校艺术与设计系列丛书

酒店室内设计与管理

成湘文　成　梓　著

北京大学出版社
PEKING UNIVERSITY PRESS

内 容 简 介

本书阐述了一套实用的室内设计公司组织建设管理和新颖的室内设计项目操作的模式理论,采用了数百幅国内外五星级酒店的室内装修实景图片,让读者慨叹于设计作品的感染力,帮助设计企业负责人了解室内设计公司的组织管理模式、成本效益比较,同时帮助年轻设计师建立"设计意识"的观念。

本书凝聚了作者近30年对室内设计的研究探索。本书不仅注重室内设计管理理论的研究,而且注重设计工作的流程和实际操作。管理经验之总结、经营思路之拓展、设计方法之运用、经典案例之解读,启发灵感,点石成金,是本书的特色。

本书有四大亮点:

(1) 明晰设计公司的管理路径、分析管理模式的成本效益;

(2) 理清主管人员的工作思路,启发设计师的创作灵感;

(3) 有效组织设计团队的分工合作,设计管理流程的具体操作;

(4) 通过解读自己的设计成果,说服项目业主接受作品的创意。

本书以独特的视角解读室内设计界重要的课题——当代中国室内设计主要流派;从一个崭新的高度创建了一套室内设计应用和管理的理论——室内设计工作模型理论;以丰富的资料对国内外高档酒店室内装饰项目进行了精辟的案例分析。

本书适合于高校环艺专业的高年级学生、室内设计师和酒店项目筹建人员阅读。

图书在版编目(CIP)数据

酒店室内设计与管理/成湘文,成梓著. —北京:北京大学出版社,2014.1
(21 世纪全国高等院校艺术与设计系列丛书)
ISBN 978-7-301-23353-5

Ⅰ.①酒…　Ⅱ.①成…②成…　Ⅲ.①饭店—室内装饰设计—高等学校—教材 ②饭店—商业企业管理—高等学校—教材　Ⅳ.①TU247.4 ②F719.2

中国版本图书馆 CIP 数据核字(2013)第 245755 号

书　　　　名:	**酒店室内设计与管理**
著作责任者:	成湘文　成 梓 著
策 划 编 辑:	孙　明
责 任 编 辑:	李瑞芳
标 准 书 号:	ISBN 978-7-301-23353-5/J・0540
出 版 发 行:	北京大学出版社
地　　　址:	北京市海淀区成府路 205 号　100871
网　　　址:	http://www.pup.cn　　新浪官方微博:@北京大学出版社
电 子 信 箱:	pup_6@163.com
电　　　话:	邮购部 62752015　发行部 62750672　编辑部 62750667　出版部 62754962
印 刷 者:	北京大学印刷厂
经 销 者:	新华书店

787mm×1092mm　　16 开本　　10.75 印张　　240 千字
2014 年 1 月第 1 版　　2016 年 8 月第 2 次印刷

定　　　价:46.00 元

序一

在工业经济时期，社会经济的发展历经了产品运作、资产运作、资本运作三个阶段。当知识经济到来后，经济发展的模式发生了改变：从"以资为本"转向"以人为本"，从"资本运作"转向"知识运作"。"设计"作为"知识"的一个载体，作为知识经济的一个外在表现形式，也日益受到了更多的关注。

酒店的室内设计作为设计大家庭中的一员，经过多年的发展，不仅奠定了自己的学科地位，而且取得了相当的成果。特别是近十多年来酒店建设的高速发展，也对酒店的设计提出了更高、更多的要求，因而酒店设计管理的课题被提上了日程。

在当今这样一个信息化、智能化的时代，设计管理比任何时候更具有挑战性，更具有风险性。设计管理是将设计学科与管理学科交叉融合后产生的一门新学科，它作为新学科的出现，既是设计的需要，也是经营的需要。设计管理的基本出发点是提高设计的水平和效率，各种设计管理理论都是基于这一点来展开的。检验其管理理论的好与坏，要看其对实际工作的具体指导有多大而定。

在我国，室内设计公司大多是小型企业，企业的管理者为求生存发展日夜辛劳，难得有时间去啃大部头的管理理论，他们非常需要一种能用较为简练的语言来讲述"企业管理"并具有实战性的管理理论。这样的书应有几个特点：宏观道理少一点，微观操作多一点；泛泛之谈少一点，深入务实多一点；普遍理论少一点，具体案例多一点。其实就是要有立竿见影的指导企业实战的作用，要务实，要具有可操作性。当然也就要求我们的作者必须有丰富的实践经验。这样的书可能相关知识的系统性程度低一点，但实战经验化程度高，易读好懂好用。本书就有这样的特点。

设计管理在具体应用实践中有两个层面的工作要做，第一个层面是"设计企业的管理"。该书中谈到的设计小企业的组织管理要抓好"三个管理体系"的建设(组织管理体系、经营管理体系、生产管理体系)，而且不同运营模式的设计机构，其内部岗位设置也有区别，这样就把复杂而深奥的企业管理理论通俗化了，易学易懂。第二个层面就是具体的设计项目在设计过程中的管理，该书用"三角定理""两个含量""四大元素"的概括性的理论描述，较有新意，让读者看得懂、记得住、用得着。

酒店室内设计的方法、程序、理念都要结合项目的特点来管理。在这样的背景下如果没有系统、科学、有效的项目管理，必然会造成盲目、低效的设计，甚至是低劣的设计产品，从而造成资源、时间上的巨大浪费。

其实不仅仅是酒店的室内设计机构需要"三大体系"建设，所有的设计公司甚至工程公司都需要抓"三大体系"的建设，而且不仅仅是酒店的室内设计项目管理需要"三角定理"、"两个含量"和"四大元素"，大多数的设计作品概莫能外。故此，从这个角度来看，本书对于许多专业甚至是酒店筹建人员都会有一定的参考价值。

原建设部党组成员、总工程师
教授、博士生导师

2013年10月

序二

　　随着全球经济一体化的加速和中国经济的飞跃发展，我国的酒店业正在以前所未有的速度日益增长，这其中既包括本土品牌的不断崛起，也包含外来国际品牌的迅猛扩张。据不完全统计，我国目前仅高端豪华五星级酒店就多达数百家，即使在受地产调控影响的背景下，以酒店为代表的商业地产布局也逆势上扬，足以令国外同行望其项背。由此催生的酒店室内设计和装饰这一朝阳产业也迎来了方兴未艾的美好春天。

　　笔者经营企业数十年，长期奋斗在装饰行业的第一线。总结历史实践，如果把整个装饰工程比喻为一个"金字塔"，那么高端酒店的装饰则因其技术含量、文化含量之高而代表了"金字塔"的最尖端。而室内设计作为装饰的"龙头"，其社会价值、艺术价值和经济价值越来越受到广泛的认可和尊重。因此，我们的企业在产品定位上，也专注于以星级酒店为代表的高端工程的装饰设计和施工领域，在此基础上打造一个中国装饰行业的优秀民族品牌。抱着这样一个共同奋斗目标，成湘文先生和我们这个团队十多年来先后打造过数百个高端酒店工程，应该说他既有着深厚的理论研究基础，也有着丰富的实战管理经验。今日，得见本书付梓出版，既为湘文先生的成果感到开心，也为行业和学术界感到庆幸！作者在这本书中摒弃了枯燥的空泛的纯理论之谈，结合诸多项目案例深入浅出地为大家梳理了当前中国酒店室内设计的现状、发展脉络和项目管理操作经验等丰富内容，既有宏观视野，也有微观剖析，是一本不可多得的教科书式的理论作品。

中国建筑装饰协会常务理事
深圳市装饰行业协会副会长

2013年10月

前 言

我国的室内设计热虽在20世纪的50年代兴起过一段时间，但由于种种原因而偃旗息鼓。它的再次兴起应是20世纪80年代中期，随着中国改革开放带来的国家经济高速发展而逐渐成为一门综合性的新兴的设计学科。当时室内设计是从香港引入深圳，成型于广东，很快波及全国的一线城市。经过近30年的积淀，形成了一个较为完整的产业链，蔚然发展为一个从业人数达到数百万人的专门行业，并覆盖到全国各个大小城市。根据2011年的中国建筑装饰协会统计，全年中国建筑装饰工程的总产值已达2.1万亿元人民币，占全国GDP的5%左右。在中国的装饰产业中，室内设计专业又是其龙头专业，这倒不是说其产值在装饰行业中有多高，而是从其"设计领先"的行业地位来谈的。室内设计的发展引领着整个产业的进步。细分起来，室内设计又有许多门类，例如办公楼的室内设计、大型商业的室内设计、影剧院的室内设计、家装设计等。但是其中综合性的设计难度最大、最复杂当属高端酒店的室内设计。所以行业内常以完成了多少个高端酒店设计项目作为衡量设计师或设计公司水平的标准。这也是为什么本书要从酒店室内设计入手来谈室内设计专业的管理课题之所在。

企业管理具有两个属性，一是生产力的协调管理的社会属性，二是生产关系的社会属性。从大方向而言，管理的目的是发展社会化大生产，满足日益增长的社会需求。从根本上说，企业管理的过程就是企业的生产经营过程，是生产力和生产关系相互结合、相互作用的统一过程，所以企业管理执行"合理组织生产力""维护生产关系"的两种基本职能。

其实在具体的企业管理中，生产力管理重在如何提高生产率，生产关系的维护重在提高企业的凝聚力。要提高企业员工的产出率，管理制度中必然要制定绩效考核规定，而绩效考核规定必然要引进优胜劣汰制度，而其负面影响是有可能降低企业的凝聚力。所以说企业管理这两个属性，在具体执行的过程中又要增加一些"调和剂"，加进一些人性化的制度来淡化竞争所产生的比较恶性的负面作用，本书也试着从这个方面进行一些有益的探讨。

30年来，室内装饰设计在我国各地的公共建筑的建设中风生水起，特别是在酒店建设中大显身手。据不完全统计，我国豪华酒店已建成数百家，成为一股势不可挡的潮流，吸引了无数国内外的企业竞相投资建设，世界著名的酒店管理集团蜂拥而至。豪华酒店的建筑成为许多城市的"名片"。酒店的建设和营运已蔚然成为风潮。

酒店的设计特别是高端酒店的设计是一个较为复杂而且庞大的系统工程，一般将其分为两大系统：酒店建设设计系统和酒店运营设计系统。这两个系统相对独立而又相互关联。酒店的运营向酒店的建设提出了非常具体的功能要求，离开运营要求，酒店的建设则失去方向；反之优秀酒店的建设又可以为酒店运营提供更多、更优的功能选择，帮助运营的快速发展。所以酒店建设设计既是酒店营运设计的基础条件，又为营运设计提出了更好的发展方向。

酒店建设设计系统可以细分为下列十二大专业设计：

(1) 规划设计；

(2) 建筑设计；

(3) 结构设计；

(4) 室内设计(装修设计、陈设设计)；

(5) 给排水设计；

(6) 暖通设计；

(7) 强电设计(供配电设计、照明设计)；

(8) 弱电设计(综合布线、门禁安防设计)；

(9) 消防设计(烟感报警、消防水喷淋、机械排烟)；

(10) 园林设计；

(11) 厨房设施设计(中西餐、酒吧、厨房、厨具)；

(12) 标识系统设计(平面设计)。

本书仅对其中的一个专业——酒店室内设计专业的企业管理(详见第一章)，设计项目管理(详见第二、三章) 和设计成果的表现(详见第四、五、六章) 进行一些探研。

这些从实际工作中整理出来的理论经验只不过是一些基本的研究框架，难免浅薄，故冒昧地抛砖引玉，希望各位同行和读者批评指正。

作　者
2013年10月

目　录

目　录

目　录

目 录

第一章 组织与管理
——室内设计的企业管理

本章要点

室内设计的行为与个体艺术创作的区别在于，它是一项有计划、有目标、有控制、有检查，涉及诸多专业相互协作的一个组织行为，既然是一个组织行为必然会涉及组织的建设——设计机构的管理。用"三大体系"来运作可以事半功倍。这三大体系是：

组织管理体系

经营管理体系

生产管理体系

本章要求和目标

◆ 要求：认识企业管理的重要性，理清企业管理的基本要点和组织架构的三个重要系统。

◆ 目标：掌握企业管理的三大重点——"组织、人才、成本"，理清管理思路，明确阶段管理目标。

第一节　酒店室内设计的工作范围

酒店室内装饰设计可细分为室内装修设计和室内陈设设计(图1-1)．

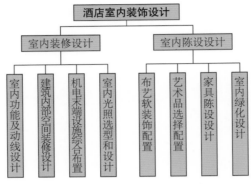

图1-1　酒店室内装饰设计细分示意图

一、室内装修设计的工作内容

1. 室内功能及动线设计

室内的功能是室内各个楼层、各个部分的使用功能设定及各功能之间的关系等的设计。动线设计主要是人流交通(客人、员工)、物流路线(送菜、送物)的平面动线和垂直交通的组织。

当酒店在建筑设计阶段时，就已经对酒店的功能和动线做出相应的设计和规划，只是对这些空间的功能设定和动线流程须在做室内设计时进行详细的深化、调整，当然很多时候仍是需要室内设计重新来设定的，例如建筑设计专业并没有进行这方面的设计或业主方(酒店管理方)要求改变原设计，委托室内设计方重新设计等。

所以室内设计单位须依照业主方的设计要求或酒店管理方的"设计指引"对室内功能和动线进行详细的规划。由于在这个阶段建筑设计工作已基本完成，室内设计的展开必须延续建筑设计的思路和已提供的条件来进行。不能脱离原建筑设计另搞一套，若这样做势必造成建筑设计大量修改。当然在经过多方专家认真评估之后，认为有必要重新设计或调整室内功能的动线时，则另当别论了。

2. 建筑内部空间装修设计

室内空间内部的天花、地面和四个墙面含柱子总共六面体是室内装修设计的主要界面，这六个面构成了使用的空间。六个面是"实体"，由它们组成的"虚体"才是我们要使用的空间。在设计中，我们着力塑造界面的"实体"，但真正利用的则是空的那一部分。这个道理，早在数千年前的老子就说过了。老子说"三十幅共一毂，当其无，有车之用，诞埴以为器，当其无，有器之用，凿户牖以为室，当其无，有室之用，故有之为利，无之为用"。六面体的设计俗称"硬装"设计，各种风格的装饰符号、形象很大一部分都依附在这六个面之上。它们共同构成了一个具有个性的空间。室内设计师下工夫最多的也是这一部分。

3. 机电末端设施综合布置

酒店建筑内部的机电专业有许多末端设施需要依附在六面体之上。如空调专业的出回风口、风机盘管的温控器、给排水专业的五金龙头、洁具、地漏、卫生间的厕纸盒、毛巾杆、浴巾架、晒衣绳、SOS按钮、壁挂电话、放大镜；消防专业的喷淋头、烟感报警器；电气照明的灯具、开关面板以及弱电系统的开关面板、喇叭、电话、电视；等等。这么多末端设施分属水、暖、电各个专业，而且各专业既要自成体系，但又同时安排在这六个界面上，故需有一个统一的安排。这个安排就是"机电末端设施综合布置"。

这些末端设施的最终定位，应是在各个专业设计的基础上由室内设计专业统一综合调整定位，以防止各个专业在吊顶内的管道布置相矛盾，六个界面的末端布置相冲突。

许多时候，这个综合布置被忽视，以致最后对设计的整体效果造成了不可避免的影响。

4. 室内光照选型和设计

灯光照明设计是一个非常专业的设计工作，但国内、国外的设计界面对此专业的分工有所不同。国外(境外)的设计公司所完成的室内设计，此项工作一般由专业的灯光顾问公司来完成，不包含在室内设计工作范围之内，国内设计公司则将此项工作包含在室内设计工作范围之内，只是近年来吸收了国外设计公司的做法，也有所改变。

灯光顾问的设计工作仅仅是灯具定位、灯具造型、配光曲线选择、色温色光选用、灯光投射方式、投射角度的设计等。它并不包括电气管线的设计。在这一点上，国内、国外的设计分界倒是比较一致。由灯光顾问公司或室内设计公司完成了灯光照明设计之后，再转交到电气专业继续作配线配管的设计。只是在配电箱中每个回路如何控制还应由灯光顾问公司提出意见。

二、室内陈设设计的工作内容

1. 布艺软装饰配置

当室内空间的硬装修设计完成之后，软装饰配置的设计亦须开始，其主要工作是窗帘、帷幔、靠垫、软雕塑的设计。值得注意的是软装饰的配置应配合硬装修设计来进行，它们之间的分界并不是十分明显，特别国内设计公司往往是由主创设计师来完成的，但随着可供选择的产品越来越丰富，软装饰的配置逐渐与原来的硬装修设计工作划分开来，形成了一个专项的工作内容，并由专人来负责此项工作。软装饰配置侧重于强调材料的颜色、肌理、图案花色在空间气氛中的作用。它既弥补硬装修设计中的缺陷，又与艺术品的陈设相关联。

2. 艺术品选择配置

在室内空间气氛的创造中，艺术品起到画龙点睛的作用。在艺术品的配置上既体现了设计师的品位，又体现出业主的爱好。艺术品的尺度感、形式感和作品的风格与室内空间的装修风格应是相吻合的，至少是有关联的。艺术品配置要考虑两个问题：一是艺术品本身的美感，二是陈设要刻意设计，要与环境、空间、灯光相配合。对艺术品的陈设位置、尺寸大小、灯光投射的处理是由"硬装"作出设计，但是艺术品本身的造型、选择是由陈设设计来完成的。

3. 室内绿化设计

室内绿化在室内设计中承担着举足轻重的作用，它主要要解决的是室内环境—空间形式—人三者之间的关系。不同的植物通过合理布局，分清层次，可以衬托出绿化空间的主题，插花盆景可以创造出或宁静优雅或欢快热烈的气氛。观赏植物的造型曲线和多姿的形式，柔软的质感可以打破建筑空间的直线，板块的几何形状，起到柔化的作用。同时室内的园艺小景可以在内外空间的过渡与延伸的处理上起到有效的作用，使内部空间兼有自然界外部空间的元素。

4. 家具陈设设计

在酒店的"硬装"设计时，家具的陈设方式就基本确定了。但家具的造型、颜色，沙发的布艺用料选择等应做深入细致的工作。在这个"家具陈设设计"中主要是指活动家具的配置，固定家具属于硬装设计范围。在一般情况下，家具设计图应标注外型尺寸、材料、颜色和工艺，设计师对特别部位的家具要特别设计定做，而不能选用。相比较而言，国外酒店设计公司的设计深度比国内酒店设计单位在这方面做得更加讲究和认真。当然不管国内还是国外的设计公司大多数采用的方法是家具形状的选择，其材质及颜色，布料等是经过精心挑选的。

第二节　室内设计机构的组织管理

室内设计是一种统合的行为和过程。设计不仅仅是创造美化客体的物理过程，它还是一种联合的力量，将商业行为、文化因素、科技条件和空间环境联系在一起，融合在一起。室内设计工作包括有大量的艺术创作的劳动在内，但它的创作活动有别于以个体创作活动为主的劳动，它是团队合作的劳动，设计成果是团体劳动的结晶，一个项目团队少则三五人，多则数十人。由于多人员、多学科、多因素、多专业的统一合作，故其管理的工作就显得尤其重要了。

室内设计管理属于设计学与管理学的交叉学科（图1-2），它的目的是通过有效的方法，让设计工作能够达到预定的目标。它的有效方法包括五项

图1-2　设计管理与设计学、管理学的关系

活动：组织、计划、指导、协调和控制。这个五项活动的实施是建立在一个合适的管理模式上的。

我们知道室内设计专业是从建筑设计专业分支出来的一个专门的学科，确切地说应是建筑设计的深化。随着它的出现，建筑设计专业更多的是对建筑规划、建筑功能、建筑形式进行研究，而把建筑内部的设计划分到室内设计专业之中。所以，室内设计公司的管理是从建筑设计院脱胎出来的，也基本上依照建筑设计院的组织架构、管理模式来进行操作。当然它根据自身专业的特点，在管理上还是存在着较大的个性。目前全国的室内设计机构多达近百万家，按规模来划分设计公司有大有小，大的企业的规模近千人，小的企业规模不足十人。按企业性质来划分为国有企业和民营企业两种，按产业范围来划分，室内设计公司属于第三产业——服务咨询业的范畴，它的内部组织的运作相对于第一、第二产业来说要简单得多。无论规模大小、何种性质，在企业的运营上要满足它最基本的功能，要建立三大管理系统：

> 组织管理系统
>
> 经营管理系统
>
> 生产管理系统

一、三大运作系统的组织结构

企业的人、财、物的管理运营是**组织管理系统**的主要工作。组织管理系统是针对公司的内业管理、操作规章制度的运行体系(图1-3)。这个系统的运作保障企业内部能够处于一种良性的受控状态。实际上就是一个大管家的作用。

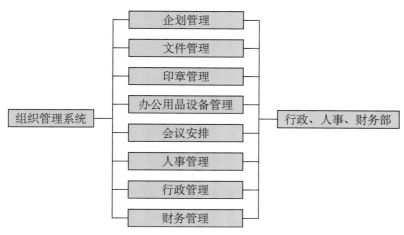

图1-3　组织管理系统的结构

企业的经营、市场开拓等是**经营管理系统**的主要工作。

经营管理系统是企业向外部开拓业务，扩大市场占有率的体系(图1-4)，这个系统的运作保障了企业在市场中冲锋陷阵时战术清晰，目标明确，阵脚不乱，是企业对外部的机构运行的管理系统。

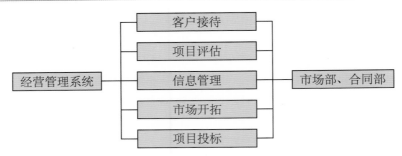

图1-4 经营管理系统的结构

项目设计计划、组织落实的全过程即生产管理的全过程，是生产管理系统的主要工作（图1-5）。当市场部从市场上接回来一项设计单，如何来完成这个设计任务，如何进行生产需要的人、财、物的资源分配，组织生产，生产管理系统就开始发挥主要的作用了。

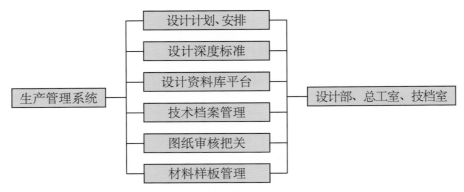

图1-5 生产管理系统的结构

依据上述基本的三大系统的运作和企业发展的现状，公司规模可由小到大，组织架构可由简到繁，职能分工可由合到分。但有一条是值得注意的，组织架构设计要采用扁平式组织架构。该架构具有集权适度，职责明晰，权责一致，管理路径短，决策和执行效率高及结构简单等优点。重要的是要加强动态协调和监控。

各部门的数量及职能的增减，完全依据公司的发展进程和业务需要来决策，但应保持相对稳定（即在一定的时期内，公司的组织结构保持不变，当业务的发展需要增加某种职能时，可先在类同部门中增加并培育，到基本成熟时再分离出来单独成立部门）。

由于室内设计公司属于小微型企业，特别是处于发展阶段的公司，业务和发展战略仍未完全定型，内部组织的架构不宜过繁，职能不宜过于细化和明确，以保留足够的弹性，以利于工作的协调和资源的整合共享。同时，将经营成本压缩到最低，以便于效益最大化。

二、三大运作系统的管理幅度

1. 行政人事部

行政人事部门兼顾了行政、人事两大功能，当企业规模较大时，两个功能可以分开。该部门主要负责协助管理层制定日常工作计划和安排；制定和贯彻管理规章、制度；负责根据公司战略要求分解并实施各种阶段性计划；动态协调各部门的工作；负责日常的行政管理(包括办公、文秘、会议、公关、后勤等)工作；ISO9000的质量管理体系的贯彻与管理；"三合一体系"的实施与管理，对公司的资质证照的年审、考核适时办理；同时兼顾人力资源的工作，负责制定公司的人力资源战略、具体规划，人力资源的开发与管理、薪酬和福利管理、日常人事管理，建立并实施业绩考评体系，负责规划和组织公司员工的培训工作，协助管理层实施组织管理。在企业发展的适当的时期，建立起人才三体系：人才评估体系；人才考核体系；人才培训体系。

2. 市场部

市场部负责公司的市场开拓工作，通过各种渠道获取项目信息，与业主沟通，递送公司相关宣传资料，让对方在最短时间内了解公司的品牌实力和业绩等有效信息。该部门筛选各类信息，负责对业主方的背景调查，资质、能力、信誉等的核查，分析项目的利弊及可操作性，对公司是否进入下一步的工作提出建设性建议；与业主方进行有效沟通，参与项目谈判直至设计项目中标的全过程；在项目实施过程中跟踪配合，及时反馈业主方的信息，以保证项目的顺利进行。可用表格的形式建立起"信息处理系统"。其中应包括：项目背景情况；项目统筹分环；项目信息反馈与业主往来文件夹等。

3. 合约部

合约部兼合约和法务两大功能，只有当企业规模比较大时，两个功能则可以分离。该部门参与设计合同的谈判，负责项目的报价，负责合同的签订；负责合同的管理工作；在合同的执行过程中负责检查合同的执行情况；代表公司参与其他单位或个人的纠纷调解、仲裁、复议和诉讼等法律活动；负责对公司员工的合同法律知识培训。特别是在项目的报价投标阶段，应尽可能地了解竞争对手的情况，要掌握当时当地的报价的一般水平，让自己的报价处在最有竞争性的位置上。

4. 财务部

财务部主要负责公司的财务管理、会计核算和管理、项目的财务评估和内部审计；负责对内部的财务报销、薪酬发放、对外部的税费交纳和应收款的催收。在财务管理上要逐步形成月报表，半年报表，年报表的制度。

5. 设计部

设计部是生产组织实施的部门，主要负责设计项目合同的具体实施，设计项目实施工作(包括质量、进度、成本等要素)的动态监管，设计团队的组建，与业主的谈判及过程跟进，项目所涉及资源的配置和管理，组织设计会审，图纸的输出，信息的收集、整理和反馈；参与工程竣工验收工作；负责设计质量、进度、成本的控制。

6. 总工办

总工办是生产的检查监督和研发的部门，全面管理公司设计项目的质量控制、技术协调和支援、风险控制；组织方案设计的审批，审定重大工艺技术方案，审批基层上报的技术文件；负责针对全公司的设计人员进行二次培训和继续再教育的工作，全面负责公司的技术攻关，新工法、新技术、新材料的推广应用；编制公司的技术规范。

7. 技术档案室

技术档案室负责技术资料档案的归档，按政府相关部门和业主的要求整理成册。对原始技术资料进行整理；建立公司的设计资料库平台，系统性地利用企业积累的信息资源和专业技术，以提高企业的创新能力和快速响应能力，提高设计师的技能素质，让新人迅速成长，融入团队的知识平台。技术档案室有责任为资料库定期增加资料，删除过时资料，配合总工室、设计部开展技术资料方面的工作。

第三节 室内设计公司的管理模式

在设计公司内部的管理模式上存在三种主流模式，即直营模式、加盟模式和分包模式。

一、三种管理模式主要的组织结构

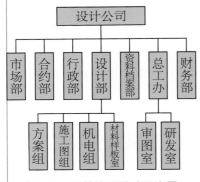

图1-6 直营管理模式示意图

1. 直营管理模式的组织结构

直营管理模式需要在企业的组织架构上将企业运营的三大系统较为完整地建立起来(图1-6)。设计企业所需的证照齐全，企业内部机构齐全。其主体部门是设计部，其他部门的工作要围绕设计部的工作来开展，也就是我们经常提到的公司的一切工作以一线的生产工作为中心，二线的工作围绕一线的工作来展开。"直营管理"是从设计项目的市场开拓、生产组织，全部由自己公司来完成。企业获得了生产过程(设计过程)产生的剩余价值，也获得了产品的品牌价值。

2. 加盟管理模式的组织结构

加盟管理模式是指正在发展阶段的设计公司(图1-7)。他们有企业的营业证书，但缺少企业的设计资质，没有设计市场的准入证，更没有自己的品牌，其生存的方式是加入到一个较有名气的设计公司之中，租用其市场准入证，借用其市场影响力，当然需要向母体公司交纳相当的费用，大约是整个设计费用的20%左右(含税)，但仍保持自己独立运作的体系。他们经济上自负盈亏，技术上受母公司的监督指导，所以在组织架构上无须设总工室之类的技术监督管理部门，这类工作交由母公司来完成。这类公司在设计市场中无法单独亮出自己的招牌。但企业运作的三大系统依然存在，当然由于每个部门的人员相对较少，一部分管理工作转嫁到母公司，例如设计资质、品牌的维护工作，技术研发工作，图纸审核把关工作等是利用了母公司的资源，故管理成本低一些。在经济效益上仅获得的是设计的剩余价值，产品品牌价值和知识产权的价值由母公司获得了。当然母公司也承担了设计项目可能带来的法律风险。

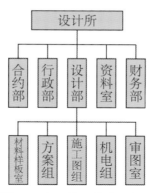

图1-7　加盟管理模式示意图

3. 分包管理模式的组织结构

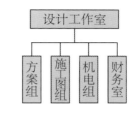

图1-8　分包管理模式示意图

　　分包管理模式是指正在起步阶段的较小的设计公司(图1-8)。他们的生存方式是从大设计公司中分包某一个设计单或某一个设计单其中的一部分工作来做，较少单独面对业主，故而项目前期开发的过程非常简单，不需要设立"市场部"，"合约部"，由于企业较小也没有专门的机构部门来管理公司，公司负责人既是指挥员又是战斗员，这样的小公司是室内设计机构的细胞。作为一家公司而言，一些多余的部分全部被省略掉，经营成本被压缩到最少，所以，公司的架构非常简练、单纯。只是一个以设计工作为绝大部分工作内容的设计室的架构。企业的三大运作系统，它主要承担生产管理系统的大部分职能和工作量，其他两大系统的工作由母公司来操作完成，它更像是依附于母公司的一个部门。但由于其经济上独立，自负盈亏，故而也带有设计公司的雏形。

二、三种运作模式的成本效益分析

　　上述三种管理模式是从企业的三大系统的运作特别是组织运作系统、业务来源和生产组织方式来区别的。正因为如此，它们的成本和收益也有一些不同之处，所以我们有必要对三个模式的成本支出、收益做一个简单的分析(表1-1)。

表1-1　成本效益比较表

序号	成本、收益子项		成本效益比较		
			自营模式	加盟模式	分包模式
1	直接成本		43%	40%	30%
	其中	市场开拓	7%	7%	0
		设计劳务	33%	30%	27%
		设计用品用具	3%	3%	3%
2	间接成本		15%	10%	2%

(续表)

	其中	企业运作系统	7%	5%	1%
		经营管理系统	4%	3%	0
		生产管理系统	4%	2%	1%
3	上缴母公司管理费		0	20.9%	41%
4	税费支出(增值税+所得税)		9.72%	9.72%(由母公司代扣代缴)	
5	收益		32.28%	19.38%	17.28%
	其中	产品品牌价值	10.28%	0	0
		设计收益	22%	19.38%	17.28%

注：①设计的税费：增值税6.72%。

②个人所得税以个人实际所得按政策交纳，为方便计算折合成设计总价的1%。

③企业所得税以企业实际所得按政策交纳，为方便计算折合成设计总价的2%。

　　分包管理模式中的"3"即上缴母公司管理费的支出，在实际运作中是由母公司分包给分包公司的，一般是将设计合同价的50%以下(不含税)判给分包公司做。在这里为表述的方便，纳入"上缴母公司管理费"一栏。

　　从上表中可以看出：直营管理模式的各种成本支出为67.72%，收益为32.28%；加盟管理模式的各种成本支出为80.62%，其中"产品品牌价值"的10.28%，由母公司享有，故也算入成本之中。在这种情况下，加盟管理模式的盈利水平大约为19.38%。

　　分包管理模式的成本、盈利的分析应从两个部分来考虑，一个是母公司的成本支出和盈利，在一般情况下，母公司承担了前期市场开拓的工作和后期的图纸审核把关的工作，并且承担可能发生的法律风险、税费缴纳等。所以母公司与分包公司是采用对半开的分配方式，即总设计费50%以上由母公司支配，母公司除了成本开支后大约能产生20%左右的盈利(含产品的品牌价值)，余下的不足50%由分包公司支配。分包公司主要承担设计计划、组织、落实的全过程，只是最后的审图把关由母公司来操作，在这个情况下，分包公司的操作非常类似于"劳务输出"的模式。只能用精细化的生产管理来降低生产成本，用短小精悍的组织结构，快速反应的工作流程来降低管理成本，而可获得17.28%左右的利润。此时母公司和分包公司的利润之和为37.28%左右，高于自营模式的盈利水平约5%，但其设计成果的质量水平的控制多了一个环节，管理更容易出漏洞，故其设计质量可能比自营模式要低一些。所以，市场上对分包模式一直持有不同看法。

三、重要岗位授权与责任

1. 总经办

　　职能名称：公司总经理(设计总监)。

　　直接下级：公司各部门经理。

　　岗位说明：从全国大多数的设计公司(特别是民营设计公司)的现状来看，这个岗位实际上是设计公司的法人代表兼任的，公司的所有权与经营权同属一人，而且绝大多数公司总经理本人就是较有实力的设计师，比较熟悉设计工作流程。但要特别注意的是，总经理应以绝大部分的精力来把握公司的日常经营管理，要避免由于过分投入个案的设计，而忽略了这个岗位的主要职能。总经理岗位是企业的经营管理，而不是个案设计师。

岗位职责：①全面负责设计公司的经营工作的正常运转；②制定、落实公司年度经营计划和目标；③建立健全公司的工作流程和制度；④统筹安排公司各个部门的工作并下达工作指令，协调各部门之间的工作配合，检查各个部门的工作。

管理权限：①对公司各部门工作业绩的考核权；②对全体员工薪酬分配权；③对各个岗位工作的指导监督权；④财务审批权。

2．设计部

职能名称：设计部经理。

直接上级：总经理、总工程师。

直接下级：方案组、施工图组、机电组、材料样板组的各位组长。

岗位说明：设计部是设计公司的生产职能部门，是企业的主体，设计部经理是企业骨干。

岗位职能：①负责项目方案设计、施工图设计、机电设计等工作的计划、组织、落实；②掌握与设计相关的国家的法律法规，规范标准，工艺规程，强制性条文等政策法规；③与各项目委托方的沟通联系；④负责对设计人员的岗位培训；⑤负责对设计师工作的监督检查；⑥组织对设计图纸的会审，协调各专业之间的相互配合问题；⑦负责公司其他部门的协调。

管理权限：①对本部门员工的业绩考核权、能力大小的评估权、晋升晋级建议权；②对项目运作的人员调度权，对生产岗位人员的奖金分配初步确定权。

3．市场部

职能名称：市场部经理。

直接上级：总经理。

直接下级：本部员工。

岗位职能：①进行市场调研、开拓企业的市场；②对各种社会资源进行整合；③定期对企业的项目进行跟踪，对各种反馈信息的收集；④对企业与政府相关部门，企业与业主间进行沟通交往；⑤做好客户档案资料的调研整理。

4．行政部

职能名称：行政部经理。

直接上级：总经理。

直接下级：本部门员工。

岗位说明：这是一个综合性很强的部门，它的岗位职能很宽泛，当企业较小时候，这个部门兼任了市场部、合约部、公关部、人事部等诸多部门的职能，是企业的总管部门。因此，该部门经理需一名综合能力很强的人，是一个复合型人才，当企业发展到一定规模时，其公关、市场、合约、法务等相关职能才逐步分离出来。

岗位职能：①公司的人事管理、行政管理工作；②协助市场部做好客户接待工作；

③编写年(月、季)度工作报告；④负责公司正常运作的办公设备用品的管理工作；⑤总经理工作会议的安排协调工作。

管理权限：①本部门员工的晋升晋级的建议权；②公司日常费用开支的审批权；③公司运作设备的采购审批权。

5. 合约部

职能名称：合约部经理。

直接上级：总经理。

岗位职能：①设计合同的谈判、签订；②合同执行过程中的信息反馈；③公司法律事务工作管理。

6. 总工办

职能名称：总工程师。

直接上级：总经理。

直接下级：设计部经理、技术档案室经理。

岗位说明：这是一个技术总负责人的岗位。企业发展到一定规模时，需要配置"三总师"即总工程师、总会计师和总经济师。做类似室内设计公司这样的小型企业，一般仅配置"总工程师"。

岗位职能：①组织技术攻关、方案讨论；②组织图纸会审、审核；③制定企业技术工作流程、制度、工艺规程；④企业技术考核、评审；⑤对企业的技术工作、技术资料工作负全面责任。

7. 技术档案室

职能名称：技术档案室主管。

直接上级：总工程师或设计部经理。

岗位职能：①必须负责每个项目的工程技术资料归档的完整性；②及时检查验收设计师交来的技术资料——图纸、规范要求、工艺说明、材料的技术指标、规格、修改的图纸、项目的往来文件、业主的接受单等文件的完整有效；③文件的归档编号、存档保管；④建立健全企业的设计资料库平台。

8. 材料选样室

职能名称：材料选样室主管。

直接上级：总工程师或设计部经理。

岗位说明：在国外的设计公司中，"材料选样室"是一个很重要的部门，它对方案设计的成功与否起到非常重要的作用，故而设有专人来制作材料样板。过去很长一段时间中，国内的设计公司不太重视这个岗位，材料样板都是由设计师自己来收集，整理，制作。故而水平难以提高，现在许多设计公司已仿照国外设计公司的内部分工，特别设立了这个岗位。

岗位职能：①负责室内设计选用的各种材料的收集、整理、保管；②负责方案设计中"材料样板"的制作；③对各类各种材料的名称、规格、性能及技术指标和生产供应商进行分类整理。

第四节 室内设计公司的成本分析

薪酬体系不仅仅是每个月给员工发工资那么简单，它应该是根据设计企业的实际情况，并紧密结合企业的发展战略、阶段目标，系统全面科学考虑各项因素，遵循按劳分配、效益优先、兼顾公平及可持续发展的原则来架构，应充分发挥激励和引导的功能。它为企业的生存发展起到重要的制度保障作用。

一、员工待遇体系

设计公司的员工待遇一般由三部分组成：现金报酬、企业福利、企业培养(图1-9)。这三个部分共同组成了室内设计公司的薪资系统，这个系统应是以岗位职责为基础，员工的个人能力和所创绩效付薪的报酬体系。工资发放的依据是建立在该岗位对企业的相对价值和贡献以及该员工所创造的工作业绩之上，即"多劳多得"，主要要体现出"三大原则"。

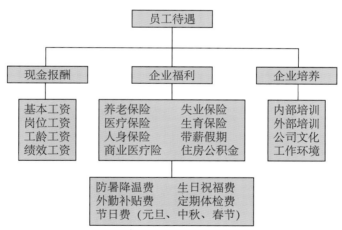

图1-9 员工待遇体系图

(1) 公平、客观、科学的原则。这一原则所指的是在确认岗位对企业的相对重要性和工作绩效时，所采用的岗位评估体系、绩效管理体系是科学的，内部业绩评估标准是统一的，岗位评估方法是客观的，从而保证薪资体系内部的公平性。

(2) 激励的原则。运用好激励体系的杠杆作用，激发员工的工作积极性，通过体系的导向激励员工更好地完成岗位职责并达到更好的岗位工作绩效。

(3) 效益优先原则。这一原则指的是对人力资源的投资能获取最大的收益，激励体系应该根据企业的不同阶段，企业员工的不同关注点作出相应的变化，使得人力成本的投入能够起到很好的员工行为导向作用，围绕企业的战略目标服务。

"现金报酬"、"企业福利"是属于物质性的待遇，是员工应得的工作报酬。"企业培养"是属于精神层面的待遇，是对员工的心理安全、发展空间的一种保障。

1. 现金报酬

(1) 基本工资。这一部分工资与员工的岗位无关，主要与员工学历和资历相关，并且基本工资是每月固定不变的，在薪资上合理体现出不同级别、不同职系、不同专业的价值差异。

(2) 岗位工资。室内设计行业是一个充满竞争的行业，要保持企业在行业的薪资福利的竞争性，才能够吸引优秀的人才加盟。对不同岗位的员工能力有一个正确的市场估值，这个估值就是"岗位工资"。

(3) 企业年金。室内设计行业的人才流动是其他行业的几倍甚至几十倍，频繁的人才流动和岗位替换使企业内部环境缺少一种安全感，鼓励优秀员工安心在企业服务是必要的，所以员工在本企业(特别是微小企业)每多服务一年，工资就提高一度，这一点体现在"企业年金"上。

(4) 绩效奖金。薪酬作为分配价值形式之一，制定薪酬体系时就应当遵循按劳分配，效率优先的原则。所以激励奖金制度一定是企业发展的最基本的制度之一。

一线员工的绩效奖金奖依据绩效管理体系的考核结果确定，在体系里分成项目绩效奖金和年度奖金两部分。设计部、市场部人员则为项目绩效奖，行政部等二线员工的奖金计算应与一线员工的奖金相挂钩，一般为一线员工平均奖金的70%～90%，一般称之为"年度奖金"，是以工作时间作为计奖依据。

2. 企业福利

(1) 社会保险。中小微型企业同样要执行国家制定的福利原则。企业应遵守相关规定为符合缴费条件的员工缴纳社会保险费用。

"四险一金"包括基本养老保险、失业保险、医疗保险、生育保险和基本住房公积金。企业为四险一金的支付大约为每个员工年平均工资的25%。由于设计企业的经营情况是不稳定的，故员工的年总收入也是不稳定的，在设计企业中年平均工资一般不包括员工的绩效奖金。

社会保险费的缴纳是以缴费基数为基准乘相应的比例计算的，国家规定企业以上一年度月平均实际工资收入为缴费基数。当员工上年度月平均实际工资大于当地上一年度月平均工资三倍以上，则以当地上一年度月平均工资三倍为缴费基数。当员工上年度月平均实际工资小于当地上一年度月平均工资的60%以下时，则以当地上一年度月平均工资60%为缴费基数。

社会保险费的具体内容为"四险一金"。即基本养老保险；基本医疗保险；失业保险；生育保险。上述四种保险单位缴费额为缴费基数的20%。

基本住房公积金。基本住房公积金单位缴费额为缴费基数的5%以上，社会保障型福利的总比例=20%+5%=25%。

(2) 企业福利。企业福利主要体现在"三险三费二假期"。三险包括人身意外险、雇主责任险和商业医疗保险；三费包括防暑降温费、外勤补助费和生日祝福费；二假期包括公众假期和企业假期。

"三险"是在向社保局缴纳的员工社会福利保险之外的商业保险，企业另外再加给员工的一份额外保障，给员工一个安全的工作环境。

"三费"是工资之外的现金福利，以体现企业对员工的关怀。

防暑降温费在广东地区大约是每年8～10月发放每个月100元；外勤补助费的发放有两种形式：一种是住宿费、外勤补助费合并一起包干，对不同级别的员工标准不同。但更多的企业执行的是住宿费按级别标准报销，另外按40～80元/天的标准支付不同级别的外勤补助费。

"二假期"是按照国家规定和企业规定给员工的带薪假期。国家规定采用每周五天工作制，每年的例假104天，另外节日假9天(春节3天，元旦1天，清明节1天，五一劳动节1天，国庆节3天)，合计113天。

企业每年还给员工3～7天带薪年假(根据员工在企业的工作年限来规定的)。年假一般是在春节假期连起来休假，当然也有的企业是在设计档期接不上时安排休假。

企业福利不含"公众假期"的企业支出大约在员工总年度工资的7%。

3. 企业培养

员工进入公司，无论是熟手、生手都将面临一个培训问题，只不过对于有经验的员工所产生的培训费用小，对没有经验的员工所产生的培训费用大而已。对于熟手所产生的培训费用主要在熟悉工作流程、熟悉工作环境、熟悉工作设备上。快则一周，慢则一月即可。而对于新手，特别是刚从学校毕业跨入社会的大学生们，企业花费的培训费用是巨大的，少则一年，长则二年，而且还可能冒着培训费花掉了却培养不出来的风险。所以培训费无法用一个公式来计算，依据经验对于一个月薪2500元的新员工来讲，企业大约要花上6万～8万的培训费。

企业鼓励员工自我设计、自我发展，企业将开展多层次多形式的培训，员工参加各科培训并获得结业后，可以向行政部门申请积分，积分将是职员在企业或社会参加培训的最全面的记录。年度累计积分的多少是员工晋级晋升的参考标准之一。不同类别的员工积分要求有所不同，一般员工以一个课时为一个积分，主管级专业人员以一个课时为两个积分，经理级以一个课时为三个积分。

公司对企业出资参加大额培训(单项人均培训费用在5000元以上的培训项目)的员工要签订培训合同，规定服务年限，自培训结束后要为企业服务3年以上。如员工接受培训后，未满服务年限主动离职，培训费用按实际服务年限折算赔偿。

二、财务成本分析

在市场经济中有成千上万的企业，但大致可归纳为最基本的三个类型：劳动力密集型、技术密集型、资金密集型。当然也可以在这三种类型中互相结合产生更多的复合类型。室内设计公司是属于技术密集型。脑力劳动者作为它的生产主体，其生产成本可分为三个大的部分：企业办公费用、员工待遇福利、上缴国家的税费。在这三个部分中，支出最大的是员工待遇福利，即人工成本。其综合分析比例见表1-2。

1. 员工的劳资支出

表1-2　员工待遇福利分析表

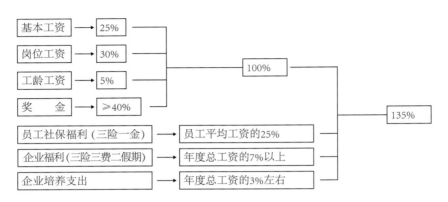

注："奖金"是激励机制主要组成部分，对于重要岗位，其效益奖金占个人收入的绝大部分，这就是设计师这个岗位的特点。

如果我们设定企业每年给员工的现金工资为1，那么企业为员工支付的现金和非现金的福利支出约为35%，所以在对员工薪酬体系的设计上应该通盘考虑。

2. 企业办公费用的支出

企业办公费用支出的项目包括：办公场所的租金、办公水电空调费、办公场所物业管理费、办公设备费用分摊、办公设施费用、办公用品费用、办公车辆费用和办公招待费用。

(1) 办公场所的大小因企业人员的多少来决定。在正常情况下，办公场地面积大约在平均每人10～20m²左右。员工越少，平均面积越大；员工越多，平均面积越小。办公场地的租金和物业管理费是按平方米来计算的。

(2) 办公用水、电、空调、采暖费可按人头来估算，以2010—2011年的深圳地区平均水平来计算大约150元/人/月。

(3) 办公设备、设施、用品费用一般是采用按生产产值来分摊的，每万元产值中支出7%左右。

(4) 其他办公费用(车辆、招待)不是一个定数，但在进行企业成本设计时，一般将其设定为总产值的5%。

3. 税费等财务支出

财务费用约合总收入的2%；营业税约合总收入的6.72%；所得税不是一个定数，根据企业经营情况和个人收入情况来交纳，为便于成本核算一般暂设定：个人所得税为总收入的1%；企业所得税为总收入的2%。

三、岗位评估和薪酬标准

建立一套科学的岗位评估与薪酬标准系统，评价各个岗位的重要性或"相对价值"，并将所有的岗位都纳入一个薪酬级档系统之中是很重要的一个企业管理的措施。例如，当我们把室内设计公司的工资级别设置为十个档次：总经理为一级，部门经理为五级，文员可能就是十级，而且每个级别中又可分为三至五个档次。用这种办法来设计一个科学的工资标准系统对维护组织内部薪酬标准的公平公正具有积极意义。当然由于是室内设计公司，这个工资系统应体现出设计公司的特征：即设计技术岗位的工资级档与财务行政岗位的工资级档应分开来设计。这是因为在当前的市场经济中，技术岗位的工资往往高于行政岗位的工资。我们必须正视这一市场规律。

1. 岗位设置

全公司总计为22个岗位，其中高管4个岗位，技术系列7个岗位，行政系列11个岗位（表1-3）。除高管、经理岗位外，其余岗位可以一岗多人。

表1-3 岗位设置

高管	总经理（设计总监）		
	副总经理(行政总监)		
	副总经理(财务总监)		
	总工程师		
行政系列	市场部经理	行政部经理	财务部经理
	市场主管	行政主管	会计
	合约部经理	人事主管	出纳
	法务专员	文员	
技术系列	设计部经理	技术档案室主管	
	主任设计师	材料样板室主管	
	设计师	副总工程师	
	助理设计师		

2. 岗位评估

室内设计公司岗位评估通常采用"要素点值法"来操作。我们将组织内的各个岗位的主要要素排列出来，并对每个要素的水平进行界定，同时赋予各个水平一定的分值。该岗位的诸多要素分值之和，就是组织对这个岗位的要求并以此决定岗位的相应薪酬。

岗位评估的主要要素由四个方面组成。

（1）学历：主要是指该岗位对上岗者受到的教育背景的要求。

（2）资历：是指上岗者的工作年限和技术职称，职称是该岗位的上岗证。在设计公司的运作中，我们常常遇到一个问题：某设计师个人的设计能力是不错的，但却没有相应的技术职称，也就是说该设计师虽有能力，但却没有资格。以致于在自己设计的图纸上却无法签名，这种现象在室内设计行业中并不少见。所以，我们在对岗位评估时有一个资历要求。

(3) 能力：是指上岗者应具备的工作能力，例如应知应会的专业知识，动手动脑的技术能力。

(4) 性格："性格决定成败"故将"性格"作为一个主要要素加以评估。不同的工作岗位对上岗者的个性有不同的要求，或细心、或幽默、或外向、或亲和力，等等。

一般说来，岗位评估是针对组织内的重要岗位或主要岗位来进行，以这样的方式来敲定岗位的薪酬和他们之间的差别。具体的薪酬标准要参考市场水准值来确定。这个标准是一个相对稳定的"变数"，也就是说，薪酬标准是要随着市场的变化，企业的变化而改变。但一段时间内是不变的，一般一年或二年调整一次。

下面举例说明岗位评估的方式(表1-4～表1-7)：

表1-4 总经理(设计总监)岗位评估(举例)

岗位 要素	设计总监	最高 分值	评分说明
学历	建筑学或环境艺术专业，本科以上	15分	本专业本科：10分 本专业硕士：13分 本专业博士：15分 非本专业相应学位：按50%折扣计分
资历	从事室内设计或建筑设计工作十年及以上，具有高级职称或一级注册建筑师或副教授以上职称	20分	十年以上工作年限：10分 少于十年，每减少一年减1分 中级职称：5分 高级职称：10分
能力	①主持过4万平方米以上的酒店室内设计项目或同类项目三个以上 ②熟悉国家相应设计规范 担任过中层以上管理干部	45分	①每个设计项目得分5分，总分不超15分 ②熟悉规范：15分 比较熟悉：10分 ③担任过高级管理职务：15分 担任过中级管理职务：10分
获奖	获得过省部级以上优秀设计一等奖或同级别的奖项2个以上(并且是主持人或主要设计人)	20分	获奖项目每个得10分 若是设计参与人则只计5分
性格	较高的情商 较高的控制欲	30分	情商得分最高：20分 控制欲得分最高：10分
总分		130分	个人道德品质的优劣不计分，品行不佳一票否决

注：①"最高分值"是针对每个要素的水平而言，若上岗者按"评分说明"超出最高分值时，按实际状况评分并相加。总分超出者说明其智商、情商综合已达到和超过了岗位要求。若达不到"最高分值"要求，就要分析哪个要素达不到而决定取舍。

②该岗位的上岗合格标准：100分。

表1-5　副总经理(行政总监) 岗位评估(举例)

岗位要素	行政总监	最高分值	评分说明
学历	本科以上；工商管理专业优先	15分	工商管理专业：2分 本科：10分 硕士：13分
资历	担任过中型以上企业的行政人事工作五年以上，或担任过企业办公室主任或总经理助理或在政府部门工作过五年以上	15分	工作年限：5分 不足5年：0分 每超过1年加1分 政府部门工作经历：8分
能力	①熟悉国家劳动法等相关法律 ②具有企业大型活动的组织能力 ③具有一定的文字写作能力 ④具有极强的公关能力	40分	每项最高得分为10分 合计40分
性格	亲和力、活泼外向、善沟通	30分	每项最高得分为10分 合计30分
总分		100分	个人道德品行的优劣不计分，若品行不佳则一票否决

注：①"最高分值"是针对每个要素的水平而言，若上岗者按"评分说明"超出最高分值时，按实际状况评分并相加。总分超出者说明其智商、情商综合已达到和超过了岗位要求。若达不到"最高分值"要求，就要分析哪个要素达不到而决定取舍。

②该岗位的上岗合格标准：80分。

表1-6　副总经理(财务总监) 岗位评估(举例)

岗位要素	财务总监	最高分值	评分说明
学历	会计专业或工商管理专业，本科以上	15分	本专业本科：10分 本专业硕士：13分 本专业博士：15分 非本专业相应学位：计分折扣50%
资历	从事工业会计工作五年以上，或从事商业会计六年以上，担任过中型以上企业的主营会计具有中级以上职称	15分	工作年限5年以上 不足5年：0分 每超过1年加1分 中级职称：5分 注册会计师：10分

(续表)

岗位 要素	财务总监	最高 分值	评分说明
能力	①熟悉国家会计法、税法和相关制度规定 ②具有建立项目成本、核算和效益评估体系的能力 ③财务管理的能力 ④有对企业财会人员的考核、检查和培训能力 ⑤全面掌握建筑设计企业经营业务的税收政策及导向	50分	每项 10分 合计 50分
性格	严谨细致、善于沟通	20分	严谨细致 10分 善于沟通 10分
总分		100分	个人道德品行的优劣不计分，若品行不佳则一票否决

注：①"最高分值"是针对每个要素的水平而言，若上岗者按"评分说明"超出最高分值时，按实际状况评分并相加。总分超出者说明其智商、情商综合已达到和超过了岗位要求。若达不到"最高分值"要求，就要分析哪个要素达不到而决定取舍。

②该岗位的上岗合格标准：80分。

表1-7　总工程师岗位评估(举例)

岗位 要素	总工程师	最高 分值	评分说明
学历	建筑学或环境艺术专业，本科以上	10分	本专业本科：8分 本专业硕士：9分 本专业博士：10分
资历	从事建筑设计或室内设计或结构设计工作十五年以上，具有高级职称或注册一级建筑师或注册一级结构工程师	20分	工作年限=15年10分 每超过1年加1分 少于15年：0分 高级职称：10分
能力	①熟悉国家建筑设计规范，施工验收规范，常用材料性能 ②具有建筑设计审图的能力 ③具有研究建筑室内设计课题能力 ④发表相关论文3篇以上 ⑤独立完成过三万平方米以上的酒店室内设计	50分	每项10分

（续表）

岗位 要素	财务总监	最高分值	评分说明
性格	严谨细致、善于思考	20分	每项计10分
总分		100分	个人道德品行的优劣不计分，若品行不佳则一票否决

注：① "最高分值"是针对每个要素的水平而言，若上岗者按"评分说明"超出最高分值时，按实情状况评分并相加。总分超出者说明其智商、情商综合已达到和超过了岗位要求。若达不到"最高分值"要求，就要分析哪个要素达不到而决定取舍。

②该岗位的上岗合格标准：80分。

3. 薪酬标准

（1）工资的级档。

综合调查分析了国内几十个中、小设计公司(特别是深圳地区)的工资标准之后，推荐一个"九级工资制"。九级为最高，一级为最低。由于工资的级差由低向高时，越高级差越大，所以级差分为三个区：一级至二级为低级差区；三级至五级为中级差区；六级至八级为高级差区；下列是各个级的第一档年总收入示意图(图1-10)。

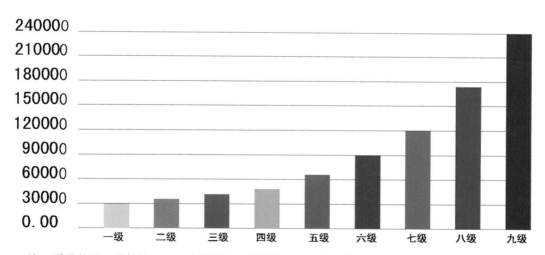

注：低级差区，级差为1.10；中级差区，级差为1.30；高级差区，级差为1.45。每个级又分为5个档次，每个档差各级不同。

图1-10　年总收入示意图

当然，在实际运用中也可以将档次分得再细一点。表1-8是年收入的工资级档表。

表1-8　年收入的工资级档表

级数	标准	1档	2档	3档	4档	5档	档差	级差
一级	30000	30750	31500	32250	31850	32320	750	1.10
二级	33000	33750	34500	35250	35020	35550	750	1.10
三级	36000	37800	39600	41400	43200	45000	1800	1.30
四级	46800	49140	51480	53820	56160	58500	2340	1.30
五级	60840	63880	66920	69960	73000	76040	3040	1.30
六级	79080	85010	90940	96870	102800	108730	5930	1.45
七级	114660	123260	131860	140460	149000	157660	8600	1.45
八级	166300	178760	191220	204000	216140	228600	12460	1.45
九级	240000							

注：上述图中列出的数据是设计公司以设计师为主体的年薪酬标准，是从深圳地区为主的几十家中、小设计公司调研后分析出来的。这部分工资是基本工资加岗位工资之和。员工每增加一年工龄，工资就增加一部分，这个部分的多少是企业自行决定，各企业都不同。

(2) 奖金的计算。

奖金计算的主要方式有如下四种：

①按图纸数量计算奖金。

每完成1张A2图幅，奖金大约在80元上下。这种方法多用于施工图或深化设计图阶段。计算方法简单明了，但由于一张图的最后确定要经过多次修改，往往已经确定，过些日子又推翻，要求修改，多次修改的工作量难以统一，故奖金计算很难平衡。

②按面积计算奖金。

每个设计师以自己完成设计任务的面积来计算奖金，从每个设计合同总额中提取10%～15%的额度作为计奖总额(大蛋糕)，除以装修面积，计算出每平方米的奖金数。为保持平衡，加设一个"难度系数"。

难度系数：公共面积×2；每个客房户型面积×4～6(客房区以户型为单位，不以面积为单位)；一般区域面积×1。

这个方法易于操作，但难以把握设计的深度，以致于有的设计图纸深度不够，节点图太少而影响设计质量。

③按蛋糕比例计算奖金。

从每个设计合同总额中提取10%～15%的额度作为计奖总额(大蛋糕)，又将设计全过程分成三个阶段并确定其奖金比例。

方案阶段：45%（创意、技术含量最高，若主创设计师有两人以上，则建议本阶段的奖金可参照"按面积计算奖金"的方法）。

施工图阶段：45%(参加分配的人数最多，建议"按图纸数量计算奖金"的方法)。

现场配合阶段：10%(时间虽长，但参加分配的人数最少，建议"按时间计算奖金"的方法)。

④按时间比例计算奖金。

对参加各设计阶段的各位设计师的工作时间×工资标准，求出工资总和。

$$个人奖金 = \frac{各阶段的奖金}{工资总和} \times 个人工资之和$$

这个方法具有可操作性，方法简明。但由于是以设计师进入项目的时间来计算奖金的，忽略了设计师之间的完成任务的"速度差异"和"质量差异"，有"吃大锅饭"之嫌。

以上四种常用奖金计算方式，各有利弊。一般的情况下，是由项目主创设计师或项目组长先拿出一个分配方案，总经理和财务部经理一起商定，以防止大的偏差。由于四种方式的特点不同，各自适用于四个不同的设计阶段。在每种方法计算的时候还可增加一些特殊的调整系数。例如，质量调整系数、难度调整系数、等等。

奖金分配是一项非常细致，而又很难平衡的工作，所以当项目组长计算出设计师个人的奖金后应由公司的奖金评委会来审核平衡，最后确定。对于公司的行政人员，他们并不直接参加设计工作，但项目的顺利完成离不开他们的努力。所以行政人员一般是以工作时间为奖金计算基础，同一级别的员工，行政人员的年度奖金大约为同一级别设计师的平均奖金的70%～90%之间。

单元训练与拓展

1. 参考资料

室内设计公司规章制度(百度文库)。

2. 课题内容：编制企业的组织架构体系和薪酬体系

课时：24课时。

教学方式如下。

作业一：组织学员进行社会调查，选择一家或几家建筑装饰设计机构进行访问(亦可网上调查)。

社会调查访谈提纲如下。

(1) 设计生产活动是如何展开的？如何与客户合作？

(2) 企业的管理制度、组织架构。

(3) 员工工资标准。

作业二：老师讲解设计机构的三大主要管理系统，并解释每个系统的主要工作范围。学员们分组讨论，对企业的组织体系进行分析。每个学员编制出一个设计企业的组织架构和薪酬体系。

要点提示如下。

作业一：在市场经济的条件下，设计企业的实际运作状况反映出企业、市场和相关政策的关系，将社会调查了解到的企业运作的实际状况与本章所讲授的书本知识比照，可以更生动、更深入地掌握本章的授课内容。所以要在调查中了解企业经营的主要数据和工作路径。

作业二：企业管理机构的设置要符合企业当时的实际运作状况，要与企业的发展阶段相适合，既要分工明确，又要能相互配合而不出现"管理重叠"或"管理漏项"的现象。

3. 作业要求

作业一：调查报告(不少于2000字)，要图文并茂。采用小四号宋体字，打印成A4文本。

作业二：设计一个设计公司的组织架构和薪酬体系，并说明为什么要如此设计及组织架构中的岗位职能分工。采用小四号宋体字，打印成A4文本。

4. 训练目的

通过两个作业的完成，要求学员从理论到实践，又从实践回到理论，多层次的理解本章的授课内容，对企业管理的主要内容有一个全面的认知。

理论思考

对麦肯锡提出的企业组织化七要素的思考。

七要素又称作7S模型，战略(Strategy)、制度(Systems)、结构(Structure)、风格(Style)、员工(Staff)、技能(Skills)、共同价值观(Shared values)

5. 相关知识链接

(1) (美) 艾森·拉塞尔. 麦肯锡方法[M]. 张薇薇，译. 北京：机械工业出版社，2010.

(2) 张朝煊. 文化篇(网址 http：//www.szcczs.com)

第二章 设计与管理
——室内设计的项目操作

本章要点

在具体的项目设计管理中，应将主创设计师置于一个管理的核心位置，我们称之为内部核心资源。设计作品、委托人和社会资源三个方面，是设计管理的外部资源。项目的设计管理是以主创设计师为核心并协调其设计小组、委托人和其他相关设计单位、社会资源的关系的管理体系。设计管理说到底是对设计过程的控制。只有处理好了设计产品与设计市场、设计委托人三者之间的关系，设计管理才算是抓到了关键点。

本章要求和目标

◆ 要求：掌握设计项目管理的重点，明确在具体设计项目中的岗位设置和人员分工与合作。掌握团队合作时的设计方法及使用管理技巧。

◆ 目标：让学员建立起有计划的工作习惯，在一定时间范围内，如何利用有限的资源、人力物力、社会关系所开展有计划的活动来达到预定的目标。

第一节　酒店设计管理的操作要点

一、酒店设计管理的操作要点

在具体的项目设计操作中，应将主创设计师置于一个管理的核心位置。我们称之为内部核心资源。在其三面包围着是设计作品、委托人、社会资源。这三个方面是设计管理的外部资源。项目的设计管理是以主创设计师为核心并协调其设计作品与委托人和相关设计单位的关系的管理体系。设计管理说到底是对设计过程的控制。只有处理好了我们所设计出来的产品与设计市场、设计委托人三者之间的关系，那么设计管理就抓到了关键点。

酒店设计如何来展开设计的管理工作？法约尔有一句名言："管理就是计划、组织、指挥、协调和控制五项活动。"酒店室内设计的管理也不外乎这五项活动。

(1) "组织"——组建设计小组，任命主创设计师。配备相关各个岗位的人员，根据已有的条件，合理地组织配置人、财、物等因素，设计小组的人员多少可根据设计项目的大小以及设计周期的长短来定编定岗。

(2) "计划"——编制设计进度计划。一般是由主创设计师执笔编写，交由公司相关部门讨论修改后报总经理批准。当然，计划的主要依据应该参照两个方面的因素，一是依据甲乙双方的设计合同，主要编制人员要认真研究合同，分析合同中的关键点、风险源，有针对性地来解决这些重点、难点。二是依据企业的内部、外部资源，主创设计师作为项目实施的组织者，应非常明确自己手中有多少资源可以用于本项目的实操。如果资源不够如何处理？对于一些重要项目，我们经常引进吸收一些相关的外部资源来完善补充我们的资源不足。

(3) "协调"和"控制"——以主创设计师为首率领小组成员展开工作，并定期与公司内各个部门衔接交流，进行诸如方案讨论、进度检查、图纸审核等内部控制工作。在此同时还要根据合同与设计委托人沟通进行设计各个阶段的汇报答疑、与外部各相关设计单位的协调、配合、修改、调整，直到审批等外部控制工作。

(4) 最后的设计成果输出。

上面这些最基本的设计管理工作主要是针对设计组织者而言。其实设计管理应是每一个参与设计的人都应有的一个自觉的意识。

现代管理学的创始人弗雷德里克·温斯洛·泰勒(Frederick Winslow Taylor) 曾形象而又简约地介绍管理学时说：管理就是"确切地知道你要别人干什么，并使他用最好的方法去干"。这段话点明了管理学的两个关键点：做什么？怎么做？让我们来看看在酒店室内设计中，这两个关键点是怎么操作的。

二、做什么

　　酒店室内设计主要做些什么？由于篇幅和本书内容的限制，我们难以展开来叙述，但归纳起来，五星级酒店的室内设计内容有五大部分或称为五个中心。

　　(1) 大堂服务中心：含总服务台、前台办公室、商务中心、大堂吧、休息区、花店、饼屋、精品店、公共卫生间。

　　(2) 餐饮服务中心：含中餐厅、中餐包房、西餐厅、咖啡厅、酒吧或茶室、外国特色餐厅(风味餐厅)、宴会厅、宴会前厅、公共卫生间。

　　(3) 会议服务中心：含多功能厅、中会议室、小会议室、贵宾休息室、序厅、会议专用服务台、公共卫生间。

　　(4) 休闲康体中心：含游泳池、SPA、桑拿、健身房等康体和娱乐设施。

　　(5) 客房服务中心：含标准客房、残疾人客房、套房、行政房、行政俱乐部、总统套房、布草间等。

1. 大堂服务中心

　　大堂服务中心包含有主入口、团队入口、总服务台、前台办公室、大堂副理、贵重物品寄存、电梯厅、商务中心、花店、饼屋、精品店、大堂吧、大堂休息等候、卫生间、电话间等功能。

　　大堂是酒店的核心，也是首层的交通枢纽，同时还是客人对酒店的第一印象的窗口，故也是室内设计师们着力最多的一个空间(图2-1)。

图2-1　深圳大中华 (Sheraton Hotel) 喜来登大酒店大堂

　　大堂的面积是根据两个因素来确定的，一是客房的数量，二是建筑的空间形态。一般说来，400间客房以上的豪华商务酒店，大堂的面积大约为客房数乘以1.5的系数来确定，客房数量越少，系数就越大。当然也兼顾到建筑柱网的开间大小，当然在设计时应尽可能在大堂公共空间中减少柱子。

　　服务台的设置多采用两种形式，一种是常用的柜台式，服务员与客人都是站着的，服务员站着服务，柜台的长度一般以200间客房数为基点，也就是十米左右，客房数量增加，前台也应相应加长一点。另一种服务台形式是写字台式，服务员与客人相对而坐，服务员坐着服务，采用这种写字台式的总服务台一般根据服务功能分3~4个台子(接待、结账、咨询、换汇各一个台)，服务台的位置要充分考虑客人从下车后进大门走向总台的距离和办完入住登记后走向电梯厅的距离。"距离感"非常重要，既要让客人走进大堂之后有眼前一亮的感觉，让客人在走向总服务台办理入住登记的流程中能感受到大堂的豪华、温馨的酒店气氛，又不要由于距离太远或总台太隐蔽而产生焦虑情绪。

在大堂设计中，总台、前台办公室、大堂副理、首层电梯厅、卫生间、休息等候等接待、服务功能是必需的，而花店、饼屋、精品屋等配套设施可根据大堂的具体面积和交通路径的情况来设置，可多可少。前台办公室面积留多大较合适？有一个参考的面积计算公式：客房数 × 0.3~0.5m^2。

很多时候，设计师为了让大堂更有气势，往往采用"共享空间"的方法，把二层甚至三层、四层的楼板打开，形成一个两层或两层以上的共享空间。为了使空间气势大而又不空泛，常常把大堂吧与大堂休息等候区用交通行走路线联系起来，使大堂服务中心的面积大而不空。

2. 餐饮服务中心

高端酒店的经营创收有两个中心，其中之一是餐饮服务中心。根据国家标准《旅游饭店星级划分与评定》(GB/T 13308—2010) 的规定，五星级的饭店在餐厅及吧室方面应有装饰豪华、氛围浓郁的中餐厅；应有装饰豪华、格调高雅的西餐厅(或外国特色餐厅)或风格独特的风味餐厅，均配有专门的厨房；应有位置合理、独具特色、格调高雅的咖啡厅，提供品质良好的自助早餐、西式正餐，咖啡厅；应有3个以上宴会单间或小宴会厅提供宴会服务(图2-2)；应有专门的酒吧和茶室。

图2-2　苏州独墅湖会议酒店宴会厅

有的设计师在做餐厅设计时简单地理解为"摆桌子"。其实"摆桌子"也有许多学问，"摆桌子"有三个基本要素需要掌握。一是要了解餐厅的客户群，例如，早餐的自助餐厅的主要用餐者是住店客人，中餐包房的主要用餐者是贵宾，全日餐厅的客户群较杂，风味餐厅的客户群较单一，等等。二是针对不同的用餐形式，组织合理的客人在餐厅内的行走路线、送菜路线，服务人员的行走路线，等等。三是餐桌与接手台的数量配置和方位配置。在一个大餐厅中，四十人左右的用餐桌要配一个接手台，在接手台中主要是等菜肴端上餐台前的整理，用餐者的碗、碟、匙、筷、调料的陈放更换等等。这些做法须针对不同功能、风味的餐厅和餐厅经营者的特别要求来做，并没有一套完整的设计规范要求。

在用餐区内要设置接手台，当送菜员从厨房将菜送至用餐桌旁时，需由服务员端到接手台整理后再送至餐台供客人享用。在大型中餐厅或西餐厅内，四个餐台就须设置一个接手台。如果是餐饮包房则要设置备餐间。在市中心的豪华酒店多设置宴会包房，小包房(四人用餐) 约$40m^2$，中包房(八人用餐) 约$50mm^2$，大包房(16人以上用餐) 约$80mm^2$，以适应不同人数的客人需要。更豪华还要有套间包房，主要将用餐区与会谈会区分开设置。

若酒店设在郊区，则大多是大包房，而且要求装饰风格豪华有个性，以吸引更多的客人前往。

做餐厅设计最容易让室内设计师忽略的是餐厅与厨房的关系，以上各类中餐厅、西餐厅、宴会厅、特色餐厅、咖啡厅等均要有专门的厨房，厨房与餐厅之间采取有效的隔音、隔热和隔味的措施。进出门分开并能自动闭合。传菜路线不与非餐饮公共区域交叉。冷菜间、面点间独立分割，有足够的冷气设备，冷菜间内有空气消毒设施。冷菜间有二次更衣场所及设施，在五星酒店中还须设有食品检验间。

3. 会议服务中心

严格地说，会议功能对于旅游酒店来说只是配套设施，在《旅游饭店星级划分与评定》也仅仅只对四、五星级提出了"应有两种以上规格的会议设施，有多功能厅，配备相应的设施并提供专业服务"的要求。

但在实际设计中，往往要增设大、中、小会议室(图2-3)，以满足团队客人的需求，大会议室往往与多功能厅合用，所谓"多功能厅"就是用餐时是宴会厅，开会时是会议厅，招商时是展销厅等等。由于许多商务活动是在酒店的会议中心来举办的，所以会议室既要能开会，又能谈判，还能签约，这些活动对于室内陈设的要求不尽相同，而会议室的设计要能满足这些要求。

图2-3　佛山宏安瑞士大酒店会议室

4. 休闲康体中心

旅游饭店会要求设置休闲康体功能，五星级以上豪华饭店要求要有室内游泳池、健身房(图2-4)、桑拿间，而且是免费对住店客人开放的。在有条件的酒店中还可能设置SPA、酒吧、歌舞厅等，但不是必备条件。

图2-4　天津来福士大酒店健身房

5. 客房服务中心

　　酒店最基础的功能就是住宿。所以客房服务中心是酒店中的主体部分，也是营业创收的主体之一。豪华酒店中的客房分成四大类：

　　(1) 标准房(单床间、双床间、非标准间、连通房)；

　　(2) 豪华房(大床房)；

　　(3) 商务套房(行政套房、二套间、三套间)；

　　(4) 总统套房。

　　标准房一般占全部客房数量的60%左右，每间大约36~40m²。

　　豪华房一般占全部客房数量的20%左右，每间大于50m²。

　　商务套房一般占全部客房数量的20%左右，每套大于80m²；在商务套房的楼层，一般设置行政俱乐部(或称行政酒廊)。

　　总统套房大于400m²以上，每个五星级酒店一般只设一套。

　　豪华房与标准房的设施、设备并没太大的变化，其区别在于豪华房的空间较标房大一些，客人在其中的活动舒服一些。

　　连通房是将相邻的两间标准房的隔墙上增设一樘门，各自都朝内开门扇，必要时客人可通过内门连通使用，亦可按两个标间分别出租。套房的功能是将商务、娱乐活动与住宿分开来安排，其中一间房为独立卧室，一间为接待会客用房。

　　有的套房内可设置一个封闭的备餐间，提供有限的食品服务，其位置靠近于起居区或用餐区，紧邻客房走廊以方便送菜。

　　总统套房的功能较复杂，应设有总统卧室、总统卫生间、总统书房(或健身房)、夫人卧室、夫人卫生间、夫人化妆间、会客厅、会议室、正餐厅、早餐厅、备餐厅、随员房(相当于标准间)等等，如图2-5所示。

图2-5 深圳华侨城洲际大酒店总统套房

三、怎么做

　　酒店室内设计工作是一个团队行为，需要多人合作。由这么多的人来做同一件事，分工合作相当重要，用一个工作模型来约定每个人的工作内容和相互的联系，是一个行之有效的方法。我们从"三角定理"的工作模型的分析入手来讨论一个设计项目所采用的"两个含量"的设计方法，并用元素的组合创造来解析如何让设计素材变成设计符号。这个"怎么做"的问题在下面三个章节——"三角定理工作模型"、"两个含量设计方法"、"设计元素创造组合"中做了具体的解答。

第二节 "三角定理"的工作模型

一、"三角定理"的含义

　　我们把室内设计的过程分成三个层次：核心部分、内层部分和外层部分。
　　核心部分即设计内核(图2-6)，它有三个基点，从其工作模型上可以看出：以"功能"为依据，以"创意"为导向，以"文化"为内容。使用功能制约设计创意，设计创意选择文化形态，文化形态要符合使用功能。这三个点互为依存，相辅相成。文化形态作为设计内核放在了整个定理的中心，其用意似乎不言而喻。应该说，文化成了系统中

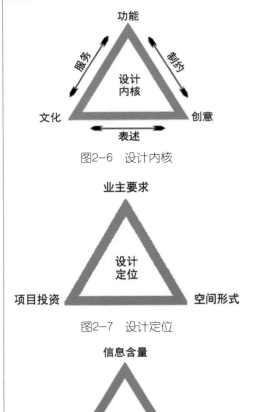

图2-6 设计内核

图2-7 设计定位

图2-8 意境创造

最坚实的形态，它的选择是否正确直接导致作品的成功与否。创意来源于对市场信息的理性分析，在对使用功能的充分理解之后，大量信息筛选过滤、分级处理、有效提炼，将逐渐获得初步的设想，把想法诗意化就成了创意。创意有两种表述语系：文字表述和图示表述。初始创意多是文字语言，须转为图示语言才能有效表达，所以要有符号，但无论怎么表述创意，其符号一定受制于功能的约束。

对三角定理设计内核的三大因素——"功能"、"创意"、"文化"加以分析，则可以得出如下三个工作模型。这是三角定理的中间层——内层部分。

"设计定位"是从"功能"引申而来的(图2-7)。任何一个项目都要依据业主提出的具体要求，结合建筑空间的形式，来确定设计方向。即设计定位的三个要素：业主要求、空间形式、项目投资。每件作品都是依据业主(委托人)的要求来展开设计思维的。业主(委托人)希望得到什么？这是设计作品的方向。这个方向又要结合建筑提供的条件、室内的空间形式等。根据这样的空间能够做成什么，这是设计的条件。业主准备在这个产品上投入多少资金，或者说按我们的创意需要多少资金来实施，这是设计的基础。作为设计师的设计策略是能够最大限度调动各种资源进行合理配置，要帮助业主解决投入资金的时效性和回报率，同时要指导承建商合理运用现有技术、现有材料进行有效组合来达到最佳效果。

意境创造是从"创意"引申而来的(图2-8)。优秀的设计能创造出一种美不胜收的意境。设计师的一个主要任务就是要营造出符合空间形式和功能要求的环境气氛，在创意初期，针对具体的问题提出各种设想，敞开思绪，用频繁的思想交流来冲破专业界限，在思维的交叉碰撞中相互获益。当然，随着工作的进一步深入，思想的翅膀也应逐渐收紧，要随时审视起飞的方向，控制思绪的漫溢，抓住思维凝聚产生核心创意的最佳时机，用创意的坐标去追随想象力和创造力的轨迹。

优秀的设计师对空间形式的认知有一种天生的敏感，在他的脑海中能很容易地建立起三度空间的形状。设计要创新，就须找到一个巧妙的切入点，表现一个设计主题，可以有很多角度来表现，但可能只有一个角度是最佳的，如果找到了这个最佳的切入点，设计的成功就可以事半功倍。找到了表现的最佳点后，同时用足够的信息量来支持自己的主题选择。请注意，在这里我们提出了一个"信息量"的概念，什么是信息：经济学家郭梓林对此进行了解释：①我知道的，你也知道，这不算信息，信息就是我知道，且你不知道的，或者你知道且我不知道的。②对于主体来说，希望知道的才是信息，而其他只是无关的信号。

③作为信息的信号是可以被主体接受的。用一句话来概括：设计的信息两大要素，即创新性与符合性。

信息是具有独创性的符合主题要求的符号。我们知道，"符号"中含有各种元素，经过"重构"和"量化"之后就可以构成一种新的形式或形状，也可以说具有了与众不同的因素，因而也具有了"独创性"。众多的符号就构成了"信息流"。信息流要符合空间的功能要求，有创意的符号或元素不一定就符合某一特定的主题功能要求。所以信息要传达出并能让受众能感受到"这是什么"的信号，这样符合性就显得至关重要了。

图2-9　母题设计

"母题设计"是从"文化"引申而来的(图2-9)。偌大的建筑空间有许多不同的功能，在设计中如何让它们形成一个系统，给人的感觉这是"兄弟姐妹"的关系，而不是素不相识的路人。此时，需要用一个设计母题来规划统领设计符号，大部分的符号的形态是一个娘胎里出来，但又有材质、肌理、工

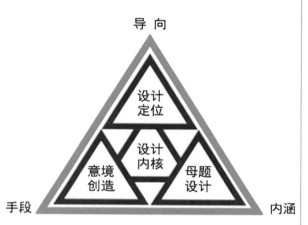

图2-10　三角定理

艺、形式上的变化，这就是设计母题。在一栋多功能的建筑体中有许许多多的空间。而且每个空间又有六个面，这样多的信息量如何统一归类？我们采用设计母题的创造，能够很好地解读这个问题。在设计的初始阶段要强调艺术直感，设计师是很敏感的，对"美"的感受很敏锐。在整个母题的创造中，要始终贯彻文化含量，注重符号之间的历史文脉关系，要形成"流"，要有"信息流"。

综上所述，我们可以把这上述四个三角形整合成一个大的三角，这就是我们的"三角定理的工作模型"。将"设计导向"、"作品形象"和"设计手段"形成一个外围的联系。将项目设计的整个过程用这样的三角形来概括它，以便于过程管理。其实在这个三角形的构成中，设计师永远处于核心位置，人永远是最中心的。这其中的作品是"事"，是"标"，是"结果"，这就是设计管理。

二、"三角定理"的思维方式

1. "三角定理"是一个工作程序表

它告诉了设计师按什么步骤来一步一步深入，逐步接近我们要达到的目标。而且每一个程序中有哪些问题需要解决，每个程序的关键点是什么？我们要做什么？罗列出多种选择来增加我们成功的机会。

一个大型的项目可能由许多人来共同完成，多人的合作而且要同步工作，更需要一

个模式来限定每个人的工作内容。大家都朝着一个方向走，就能形成合力，否则就可能互相抵消。三角定理就可以起到这个作用，每个人只要将自己的工作内容做好了，合起来就是一个完整的方案。

2. "三角定理"是一个框架系统的结构化思维方式

采用这个系统的好处是可以非常理性地调整自己的思路，知道面对一个项目从什么地方入手，将整个处理过程分成了三个阶段，同时对每个阶段的工作内容进行了明确的界定，并把这些阶段的工作用一个框架联系起来，能将项目设计的众多信息进行归纳、整理，勾画出研究和分析的路线图，并贯穿于设计过程的始终。这会大大加快寻求答案的进程。而所有这些都是为最后的设计方案的表现做了准备。

所以，我们说"三角定理"从使用的角度来说，是一种结构化的思维模式，从中将艺术的规律找出来，将其条理化、理性化，把感性的认识提高到理性的认识层面上。

三、如何使用"三角定理"

在"三角定理"的工作模型中有两个关键点。

其一，"意境创造"的三角形。

在"意境创造"这个三角形中的关键点是"空间"这个概念，空间是无限的，又是有限的，建筑设计是在无限的空间中围合出有限的形体，室内设计则是将众多有限的空间形成一个相互的联系(或者说关系)。这个关系有四种，例如在深圳华侨城洲际大酒店大堂(图2-11)就充分地体现出这种关系。

图2-11 深圳华侨城洲际大酒店大堂

(1) 空间的围合。

老子说"三十辐共一毂，当其无，有车之用，诞埴以为器，当其无，有器之用，凿户牖以为室；当其无，有室之用，故有之为利，无之为用"。其实老子认为"有"产生"无"，只有"无"才是人们要使用的空间，你们看，用车幞围成车厢，人在车厢中活动乘坐，用泥巴做成器皿，空的部分才可以盛物，在墙上开门窗，房间才可以有用，所以，我们用的是"空间"而不是围合物本身。在深圳华侨城洲际大酒店的大堂中采用了8条圆柱和圆弧形构成一个近300m²大的空间作为大堂吧。

(2) 空间的通透。

在圆弧的构件上开了洞口，圈内外的空间产生了流动，使呆板的围合产生空灵，空间有各种各样的流动，没有通透的空间是无法使用的。

(3) 空间的流动。

有了通透就会产生流动，把围合的空间网开一面，空间感延伸了、扩大了。又例如，我们对玻璃窗的使用，不仅仅是采光，而且还将室外景色引入室内，扩大空间感，把窗帘放下，则产生了围合。把门打开，空间流出去了；关上门，空间又回来了，其流动就是这么实实在在，这么奇奇妙妙。

(4) 空间的虚实。

下雨天，举把伞，伞就在无限的空间中分割出一块小空间；雨停了，收了伞，小空间消失了，又融进大空间。在地上铺块地毯，地毯上部就形成了一个小空间，将地毯卷起来，小空间又消失了。一个人伸手环绕胸前，胸前就形成了一个小空间；手放下胸前的空间消失了。黑夜里一束光柱射出去，光柱就构成了一个空间，光灭了，空间也没了。这就是空间的虚实关系。

华侨城洲际大酒店的大堂中，使用了许多高背椅，在大堂中圈出了许多小空间，以便客人谈话。当把这些高背椅搬走后，这些小空间又回到了大空间中。将高背椅再改变一个陈设方式，又呈现出另一种小空间的划分方式。又搬走，小空间又回到大空间。这样空间虚实的意义便产生了。

室内设计一定要很好地利用并研究这种空间的虚实关系，以此来创造出一种诗意、一种情境。

其二，"母题设计"的三角形。

特定的母题并不存在于真空中，必须与设计师脑海中既定的目标相结合，在这个三角形中，我们把母题设计分成三个步骤：收集、整理、组合。

(1) 收集。

针对既定的目标去收集各种信息，并分成几种类型。生活中的各种与人的活动有关的一切图形，符号都可在收集的范围之列。信息的收集靠日积月累，并不是等到要用了才去收集，此时也只是"临阵磨枪"而已。

(2) 整理。

面对众多的信息源必然存一个选择，哪些是有用的信息，哪些是无用的，一定要澄清一些模糊认识，我们只有有限的资金，这就决定了我们不可能任意发展。因此，很多时候，我们只能做出一种选择，这就要避免走弯路，将素材，信息加以整合、改造。

(3) 组合。

把有用的信息经整理后，才能重构变化组合出来，空间的形式是多样的，一种符号不可能满足所有空间的需要，所以，我们以一种符号为母体，衍生出众多的符号来构成一个符号体系。符号多了，信息多了，就构成了一个信息流。所以我们说："信息收集是基础，符号整合是过程，意境创造是目标"。将这个过程，我们又整理出一个母题设计逻辑蛋型图(图2-12)，典型案例如图2-13所示。

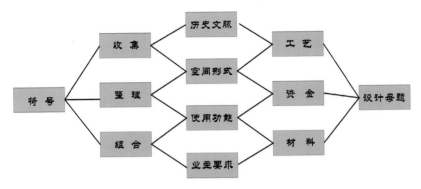

图2-12　符号到母体的设计过程

图2-13　深圳华侨城洲际大酒店的法国餐厅(用不同材质组成各种二维、三维形象)

"三角定理工作模型"的方法提出了室内设计思维特性，理清了设计的行为构成要素，建立了室内设计的工作模型，使设计师们的思维发生了较大的突破。从"知其然"到"知其所以然"，从"自然王国"走向了"自由王国"。

第三节　"两个含量"的设计方法

设计的路线和目标可依靠"三角定理"工作模型来操作，但设计作品的核心特质又依靠什么来体现呢？相对作品中的技术、材料而言，"文化"无疑是设计作品的核心特质。我们把构成一个成功设计作品的各种元素浓缩为"两个含量"——文化含量和技术含量。所谓"两个含量"，是指在建筑或室内装修设计中融入文化内涵，融入技术手段，简而言之，是指建筑室内装修设计的"文化含量"和"技术含量"。

一、"两个含量"的概念

1. 文化含量

"文化"是一个非常宽泛的概念，很难给它下一个确切的定义。它的广义是指人类在社会历史发展过程中，所有物质财富和精神财富的总和。它包含有四个层面，即物质文化、制度文化、行为文化和心态文化。

其中心态文化又可组分为社会心理和意识形态。社会心理是人们日常的精神状态、思想面貌、情绪、要求、认知等。意识形态则将社会心理中的内容经过专家进行理论归纳、逻辑整理、艺术升华，并以物化的形态固定下来，可以跨越时空传播的一种文化状态。具体结合到本章要涉及的内容就是指在人类社会实践和意识活动中经过长期孕育而形成的价值观念、审美情趣和审美方法等。应该说"心态文化"是文化的最核心部分。这个最核心部分的外在表现形式是符号系统，例如文字、声音。而在"建筑文化"领域中，载体就是人类在数千年的生存生产活动中沉淀积累下来的数量巨大的建筑形态符号。在这么漫长的历史长河中，这些符号已经系统化了，欧式古典建筑、中东建筑、中式建筑、和式建筑等等都有各自的符号系列。如果再分得细一些，上述这些建筑形式中又可分为宫廷(皇宫)、民居、寺庙等等。这些符号早已被历史文化打上了烙印，表示特定的文化含义。人们在社会生活方式、行为习惯中不知不觉地将其保存入脑，形成了文化密码。一旦在外界的诱因下(例如遇到了同种类型的建筑形态)，这些密码就将被打开。于是人的意识中就涌现出了对它的感受。在我们的作品中，这样的信息量越大，对人的精神感受的冲击力越大，即"文化含量"越充分。建筑空间的"文化含量"是能将受众带入到一种"忘我"的境界的引力，只有进入了那种情境与氛围，受众的精神享受将达到一个饱和的高度，内心会觉得十分畅快和享受。这是作品中"文化含量"的魅力所在。这也是我们常常谈到的"文化含量"的构成和传播。

此时，可能会有人提出一个问题：只有了解这些建筑符号的文化内容的人才能读出其文化含量吗？答案是否定的，因为不同系统的建筑符号常年存在于这个世界上，对我们的影响日积月累；当你看到这些不同的建筑符号系列是一定会产生一个比较，有比较就有差别，其中不同的文化内涵分别出来了。就像我们看到黑人、白人、黄种人一样，很容易就区别开来。当然，基本的学习研究还是必要的，否则与文盲别无两样。

2. 技术含量

技术含量一般的理解是在设计作品中所采用的新产品、新工艺、新技术的分量，也是我们的作品的技术水平的一个衡量标准。技术水平的高低，重点在"技术创新"。技术创新不能简单地理解为技术问题，它不仅是在生产加工过程中采用新技术、新材料、新工艺的多少分量，而且它是一个从产生新产品或新工艺的设想到推向市场的一个完整的过程，其本质上是技术、经济一体，是技术进步和技术应用共同作用催生的产物。所以，我们的设计作品不仅要考虑到设计的先进性，还应考虑到实施、生产的可行性。技术创新有三种形式：一是"原始性创新"。也就是我们常说的原创性，它强调自主知识产权的获取和应用。当今技术全球化、网络化、技术资源来源广泛，创新活动异常活跃，为原创性的技术创新开辟了很好的环境，但对于一个企业而言，要仅用自己的力量达到创新的技术开发和应用并形成商品并不容易。所以更多的企业，特别是小企业采用的办法是"应用创新"，创新并非一切都要自己去发明与创造，也可以是站在巨人的肩膀上，利用已有的科技成果来实现应用上的技术突破。把一个领域内的创新技术稍加改造后应用于另一个领域，也是一种创新。在这一点上我们应向日本、韩国学习，把技术转化为产品。还有一种形式就是"集成创新"，简单地说就是把各自独立的技术根据不同的用途、目标整合到一起。整合是一种管理能力，也是一个构建技术。虽然建筑工程是传统的夕阳行业，但装饰工程是传统行业中的朝阳产业，它必然带来众多的新材料、新技术、新工艺，这"三新"就是我们谈的"技术含量"。在我们的设计作品中要大量使用"三新"，追求"三新"，创造"三新"，用"技术含量"来支撑"文化含量"的发挥。

3. 物化形式

文化含量的物化形式是建筑室内设计中应用的符号。从不同符号中间释放出不同的意义解读出不同的文化内涵。五千年的人类文明史已经对各种类型的建筑符号体系化，并赋予了不同的涵义，沉淀了不同的文化基因，就像欧洲、亚洲、非洲的人种基因不同，它的人物体形特征也有很大区别一样。爱尼尔柱头是欧式建筑符号，斗拱重檐是中国古建筑符号，券拱门是伊斯兰建筑符号等等(关于符号的基本元素组合请看下一节)。这些特征正是"文化含量"的外在表现。我们明确了作品的艺术性、文化性是通过"符号"来表达，其含量与在空间使用的符号的数量、系列和创新性有关。在同一个空间中使用的符号最好能形成一个完整的序列，互相补充、互相烘托。不相同的建筑符号通过重新组合，可表现出更丰富的内涵。同时，人文科学外延向其他学科继续拓展，不断地创建新的符号体系来丰富原有建筑设计符号，如北京的人民大会堂正门的几根巨型立柱就是用西洋的建筑符号与中国清代建筑的符号相结合的造型。

技术含量的物化形式也是各种部品构件，即这种构件所采用的材料和工艺。当然这两个含量的最终物化形式将合二为一，以同一个产品面世。两个含量就像水中的化学元素H、O一样溶解在同一个物质H_2O(水) 之中。人们能够看到这种物质(产品) 而难以区分这两个含量到底是在哪里。

二、"两个含量"的应用

我们选择视觉元素，重组视觉形象并通过它们来创造出一种特定室内空间环境所需的艺术环境所需的符号。在具体的设计理念上则包含在"文化含量"的概念之中。

比较异类的是符号之间没有关系，或者通过主观臆造，牵强附会地把符号硬凑在一起。2011年10月偶然路过某市一个大酒店，大堂的中央陈设了一尊黄金雕塑。该雕塑由4条欧洲美人鱼依靠在4只欧洲老虎旁边，4双美人鱼的手捧着一个中国古代张衡的地震仪，还特意将地震仪上4条龙的形象放大，寓意是"龙虎斗"、"中西合璧"。这似乎有些牵强了吧！所以设计符号固然要创新，但符号之间更要互补，互相融合，形成一种让人们能自然而然地接受的文化内涵。

"文化含量"所具有的包容性是无边无际的，它不仅包含着与建筑艺术有关的元素，而且，只要是与人的生活有联系的、抽象的、具象的事、物、理念都在其容纳中。那么，建筑装饰设计关键的环节在于设计师对具体作品内涵的理解，对建筑空间、环境的理解，截取与作品有着必然联系的文化元素或其他元素进行再创造。

例如，马来西亚的国际机场——吉隆坡国际机场就是一个典范(图2-14)，它把建筑与环境紧紧地融合在一起，充分表现了"绿色文化"的内涵。建筑师基索库罗卡瓦为了表现该机场周围郁郁葱葱的环境，把机场选址在一片森林的中央。他的设计理念是"机场中的森林，森林中的机场"。无论是候机厅还是候机厅外都保留了原有的自然森林，而且在室内还特别设计了两组池塘、瀑布、溪流和葱郁的植物构成的原始森林，更神奇的是将森林中的各种声音融入其中。

图2-14　马来西亚吉隆坡国际机场

从这个例子可以看出，"文化含量"中的文化概念具有很大的包容性。

一件设计作品的优劣取决于其包含的"文化含量"的多寡和适合与否。所以说，"文化含量"是作品的神韵，是作品的灵魂。

再说，我们参加的"中国现代文学馆"的室内设计也是一例。在设计中，我们抓住了两个重点：即文学馆报告厅入口的设计创意和进馆大门的设计创意。在报告厅入口设计中，我们采用了长城烽火台的造型元素，用抽象的烽火台暗喻"五·四"运动点燃了中国文学革命的烽火；在烽火台上面，置放根据鲁迅先生的《呐喊》木刻翻版而成的圆雕，象征"五·四"开始的现代文学唤起了中华民族的觉醒。这一入口设计方案的"文化含量"还不仅仅局限在上述两方面，它还表示：一进入大门，你就进入了中国现代文学殿堂；另一创意体现在进馆大门口的设计方案，其构思是，大门把手是一个手印——巴金大师的手印，暗喻"大师推开了中国现代文学的大门"，这一设计，也可谓神来之笔。

十多年前，笔者及团队完成的深圳"圣庭苑大酒店"的设计方案也是心裁独出、别具一格的。我们在进行了大量的市场调查后，把酒店定位为商务酒店，而不是假日酒店。这一策划定位很快得到业主的认可。接着的问题是怎样表现既在原则上不离开酒店，又充分体现商务这一主题。我们抓住主要矛盾，决定在"商务"二字上做文章。但如何用建筑语言来变现"商务"呢？我们思来想去，认为商战犹如兵战，而兵战是有形的：兵—兵战—兵法—孙子兵法……而"商战"是无形的，无法用可视的形象来表述，但两者是存在共性的，于是我们抓住孙子兵法作为设计的突破口，以古代军事家孙子活动的春秋战国为题材，以《孙子兵法》为背景，截取春秋战国这一时期的历史文化作为本项目设计的文化内涵。2000多年前的春秋战国，诸侯争霸风起云涌犹如当今的经济大战。于是我们创造性地把当时兵战中的一些可视形象应用到酒店环境设计中，让历史穿越几千年的时间隧道，来演绎现代文明。但"商战"不等于"商务"，"商务"中最重要的两个东西是财源和商机。在财源和商机的表现上，我们经过几番筛选，采用了云龙纹演变而成的"回纹"。这一形象符号的运用，使境界顿然全出。因为"回纹"有两层含义：一是表示生生不息，二是无穷无尽。应用在商务上，就暗合了商人希望财源"生生不息"的意愿；既然财源"生生不息"，那么商务机会就会"无穷无尽"，两者结合，便把"商务"两字恰到好处、淋漓尽致地表达出来了，由于受云龙纹、回纹的启发，我们又从传统文化中挖掘出"九"字来。因为"九"的符号除了有组合方式(构架)，即"井"字形外，还蕴含着深意，可使人联想到"一言九鼎""九鼎之尊"所表达的最好、最高级的意思。此外，设计中还运用到春秋战国时期的战车、盔甲等图案做装饰图，以此暗喻"商务论"。所有这些，无不体现我们在设计中"文化含量"方法的运用。

现在我们再来谈谈"技术含量"。前面我们提到过"文化含量"是一件作品的神韵，是灵魂，但是这个"神韵"、"灵魂"必须依附在一种客观存在的物质上，让人们的视觉、听觉、触觉、感觉等能感受到。这种客观存在的视觉、听觉、触觉，感觉则要靠具体的材料和工艺来塑造、来表现。怎么样的材料、施工技术更能贴切地烘托表现出其空间的"神韵"，这在具体的设计方法上则有赖"技术含量"了。"技术含量"，如同"文化含量"一样，也是一个大范围，它不仅仅是指建筑施工技术、而且其他领域如光学、声学、电脑技术、雕刻技术、焊接工艺、炉窑工艺等等都可以包含在"技术含量"之内。所以"技术含量"的高低也同样直接影响到设计作品的优劣。"皮之不存，毛将焉附"，如果把"文化含量"比喻为毛的话，就需要有"皮"(即工作平台)来支撑它，这个工作平台，毫无疑问，它指的是"技术含量"。如果说"文化含量"给人们带来的是心理上的享受、精神上的愉悦，那么"技术含量"给人们带来的是生理上的享受、技术上的便利了。技术含量可在设计中充分调动空调、水暖、强电、弱电、机械传动等专业特点，互相补充，甚至融为一体。在圣庭苑大酒店大堂咖啡厅的设计中，我们成功地演绎了"技术含量"这一理论的正确性、适用性及严谨度。

当你坐在圣庭苑大酒店咖啡厅，你会自然地被一个钢琴演奏台吸引。确切地说，那是一个给人感觉有水榭亭台的"岛"。"岛"是一个晶莹剔透的"袖珍小岛"，它不是石砌玉雕，而是用20mm厚透明的钢化夹胶玻璃组制。"岛"下面有水。如果把"岛"上的钢琴比作小山的话，那么灵秀就有了，有"山"有水，是绝妙去处。你看，水中有灯，LED的水底灯，明灭闪烁色彩各异。然而奇异处还不止于此：我们见过的岛都是静止的，而这个"袖珍小岛"却有"灵性"，会转动。它是由"岛"下"潜藏"的一个1:300的变速箱控制的，可快可慢。那些水底灯是音控的，被控制的那台钢琴，你可以登台进行表演，激情澎湃时，用力弹奏，那水底灯便流光溢彩，耀眼夺目，让人目不暇接，心情激动；当你轻拨慢弄，幽幽倾诉时，那水底灯便闪闪烁烁，若明若暗，如点点星星，令人遐思翩翩，心驰神往，如临小桥流水，如听雨打芭蕉……这意境，岂止一个"文化含量"了得！这当中它包含了多少"技术含量"：转动有度的"小岛"、音控的水底灯、产生声控的钢琴……所有这些，都是声学、光学、电学、机械学、高科技的计算机集成在这个"岛"中的集中表现。所以说装饰设计中的"文化含量"关键还得靠技术含量来体现、来完成。从现在看来，这个设计可能大家觉得太一般，可是在上个世纪末，整个中国的装饰行业的工业生产的技术水平还不高的状态下，如此创意的设计可谓还是有一定的技术含量的。

"文化含量"在设计中的表达可以从室内空间的文化环境、情境情势的气氛渲染来感受(图2-15、图2-16)。技术含量是设计的"有",是手段。文化含量是设计的"无",是目的。

图2-15 广州富力君悦酒店大堂

图2-16 广州富力君悦酒店主入口

第四节 设计元素的创造组合

在现代建筑中,几何形的三维室内空间为室内建筑师的创造提供了无限的可能性。其间,室内空间的视觉形象就成为建筑师们挖空心思的创造对象。

概括地说,室内视觉形象可分为三类:

第一类是将建筑内部空间和建筑构架装修维护起来而构成的造型。这一部分是室内建筑师十分着力刻画的重点。如室内的墙、地、顶、梁、柱、门窗等等。建筑的构件构筑成了建筑物的使用空间,它们的形体粗糙敦实,了无生气,可是一经设计师们的手,马上就变得活跃起来。僵直的、抽象的几何体渐渐被突破,向着有机性过渡。在这些构件的造型中被掺进了许多或历史的,或现代的,或民族的人文因素之后,因势利导地变成室内环境气氛所需要的各种符号,有机地组织成建筑语汇,使之成为韵律优美的造型。柯布西诺在《走向新建筑》中有一段话:"如果这些体量是比较正规的,而不是不适当地歪曲,如果整个组合表现出一种清楚的韵律感,而不是杂乱无章的聚合,如果体量与空间的关系有正确的比例,那么眼睛就会把相应的感觉传递给脑子而得到一种高度的满足,这就是建筑艺术。"

第二类视觉形象是室内空间陈设物的各种物体。如服务台、吧台、挂落、屏风、隔断、窗帘以及桌椅等。这类形象常常是倾注了室内建筑师的大量心血和智慧。它们的表面材质、大小尺寸甚至陈设的部位都与使用功能和精神功能息息相关,极大地影响着内部空间的情调和气氛。在它们身上充分体现出建筑物的等级和功能特征,由于与人体接触的机会较多,所以在形式上、加工工艺上、材质处理上都必须要精雕细琢,匠心独具。与前一类形象相比,它们的材料来源更广,可塑性更强。

第三类形象是为人们提供各种信息的标志性形象。如出入口指示牌、导向牌、信息牌、标志牌等。这类标志性形象在室内空间中占的分量不大,但其功能性很强,多数为二维空间的平面形象。标志性形象设计的功能明确,运用的位置适当,对空间功能的影响是十分明显的。甚至在国际、国内的星级宾馆的评分标准中都将其明确列出。人们在室内空间中活动，可以对某些建筑构件的维护形象熟视无睹，但决不会不注意电梯厅、洗手间的指示牌，所以这类形象设计的好坏较大地影响着室内设计水平，可是却常常被建筑师们所忽视。

在室内空间中，这三类形象共同构成了一个视觉形象的体系，表述出设计师的思维和想象力，创造出空间的情调。它刺激人们的感官，给人的生理、心理带来了无穷的快乐或惆怅。

各种形象的有机组合构成一个系列，互相之间表达出一种关联。各形体之间可以是形的类同，可以是表面肌理的联系，可以是颜色的呼应，亦可以是材料的通用。用种种手段使不同功能，不同位置的不同形象联系起来，表现出一种和谐。各自为政的形象处理是难以达到上乘设计的要求的。那么形象又是由什么构成的呢？可以再细分出它们内部的组成成分吗？

一、认知室内空间的"DNA"

20世纪80年代的诺贝尔化学奖得主桑格曾说："蛋白质单体首尾相连构成了世上众多生灵，正是这DNA链我们才有了今天的模样，其中的运作终有一天会被发现……"。依照其学说的思维模式，建筑内部空间也可以当做一个生命体，也应该有自己的DNA。就像众多生灵在桑格的眼中是DNA链构成的一样，这些建筑的内部空间也有自己的独特生命元素。因为在设计师眼中，这些空间由无机体变成了有机体，充满了活力和生命。既然建筑内部空间可以像世上的生灵一样变幻出无数的面貌模样，那么它一定也有自己独特的"DNA链"——组成符号的最小单元。

建筑内部空间是以三维空间的形式来表达的。它的构成形式基本是六面体或者可以分解成六面体。任何一面体的变化都将改变空间的面貌，所以其空间的形象具有相当的不确定性。我们来解析其中任何一个面，最终都可以得到它的形体构成的基本元素：点、线、面。这三者的关系是，点的延伸构成线，线的延伸构成面，面的延伸构成体。对于我们在室内空间中具体设计时还要考虑两种元素：色彩、肌理。这样我们就可以解读出最基本的五个元素：点、线、面、色彩、肌理。设计师最终都在调度、运用着这五个元素来组合变幻各种图形符号，来创造室内空间的生命。

点：虽形状不同，但由于其形的量小而形成点的概念。

线：虽线性各异，但由于其只具有一维空间而形成线的概念。

面：虽面貌有别，但由于其具有二维空间而构成面的概念。

色彩：从光谱分析中得出的基本色彩。

肌理：表面质感的变化，造成了数不胜数的肌理效果。

音乐家运用7个音符谱写出无数脍炙人口的歌曲。而我们则调度上述五个元素，构造出千姿百态的设计符号。人们在感知它时得到的亦是五个元素构成的视觉形象，这个形象应是室内设计中不可分割的最小单元。我们称之为室内空间的"DNA"。它是一种符号，一种形象，由于其传达出的信息量而使之充满了生命活力。不但带有生命活力，还带有诸多情感。例如：

构成形体的基本要素是线条。

直线被普遍认为是带有方向性、准确性和阳刚美的线型，交叉的直线则表现出一种刺激、冲突，不平衡的心理感受。

曲线是带有阴柔美、温顺和善流畅的线型。曲线之间的相交则容易产生一种运动感。

直线构成各种方形，它表现出一种稳重平和大度的力量。

曲线构成各种圆形，它表现出和谐美满浪漫与温柔的情感。

二、提炼室内空间的"DNA"

提炼DNA的工作程序如下：

概念设计 —— 发散思维模式

↓

形义设计 —— 发散思维模式

形态设计 —— 收敛思维模式

1. 概念设计

设计师在研究分析设计方案时，第一步要确定自己的设计方向，提出设计概念，即我们想要设计出一个什么东西。这是整个设计过程的基础，也是最重要的阶段。这个阶段重点是分析探索"DNA"这一符号所包含的理念和涵义。这个阶段很容易让人忽略。往往一开始就进入形的设计上，而到底要一个什么形，要表达什么意思却没有搞清楚，结果走了弯路，回过头来还要再整理思路。这个阶段的思维方式应是发散思维，或称为胡思乱想。不要约束自己的思路，放得越开越好，只要能与所设计的内容挂上钩就行，然后将想法用文字表达出来，并排列成行。此时还不用出现图形，只有思路和概念。将那些不现实的和错误的想法排除，提炼出几条切合实际的概念，这一步就完成了。

2. 形义设计

在这个设计阶段开始出现形——符号，所以设计元素多是前三种：点、线、面，较少考虑其他。本阶段要解决的两个重点如下。

(1) 形和概念的吻合。

设计符号逐步具象，它既要有概念设计中提出的各种设想的"义"的内涵，又要能符合室内空间的"形"，故称之为"形义设计"。

这个阶段应是采用草图的形式出现。同一个概念可以有多种草图，把能想得到的"形"都排列出来。而且在出草图时，又可以涌现出另外的概念灵感，但要记住，在没有设计方向——概念时即着手"形"的设计，可能是徒劳的，将事倍功半。

(2) "共性与个性"相吻合。

①共性。每个特定的功能对其空间都有特别的要求，从形态上来讲功能对空间有"空间的物理尺度"的要求。如会议厅、办公室、客房、娱乐等。当然这个尺度，在建筑设计时已经确定了一个基础，室内设计只需要进一步深化。从形式上来说，功能对空

间有"空间的心理尺度"的要求,如高雅、时尚、怀旧等。这个尺度应依据概念设计中确定的设计方向来进行。共性的体现往往是从建筑的功能来考虑的。

②个性。要让大家记住某个人,他的脸一定与其他人不同,对于一个好的室内设计来说,要让大家认知它,那么它在外在形式上一定是独特的,这就是"个性"。之所以要设计,就是要个性。不谈个性,何谈设计?我们对个性的体现往往是从建筑物的业主或使用者的特殊性来考虑,使设计符号(DNA)符合某种具体的特殊要求或特征。设计符号与业主或使用者的特征越吻合越贴切,个性越突出。

③个性的"度"。简单一点说,"个性"无论多么独特,他一定要服从于"共性"所能容纳的范围。这就存在一个"个性"的宣扬与"共性"的包容的比值关系,也就是我们常说的"度"。因为"共性"的研究对象是业主、使用者的特征,相比之下"功能"是第一位的。其实个性的"度"的处理是设计师在搞平衡。处理各个空间中的矛盾,往往"压下一个葫芦,浮上几个瓢"。要想在一个空间中解决掉所有的矛盾是不可能的,只有搞平衡,让个性与共性平衡吻合。

3. 形态设计

综合整个内部空间的功能要求、形式要求、材料要求、工艺要求等多种约束和限制来组合创造设计符号。此时应是五个元素俱全。但无论是复杂的形态还是简单的形象,甚至仅是一个平面、一块颜色,都需经过设计师仔细推敲。在前两个阶段多用发散思维之后,本阶段宜采用收敛思维来提炼。形态设计着重解决设计符号的形状、肌理、材料、工艺制作等方面问题,它包含了前两个阶段的设计内涵,但以可实现为目的,要具有可操作性。

下面试以深圳TCL大厦室内装饰设计过程来表达我们谈的设计方法:

"TCL"大厦是一座70000m²的现代化办公大楼。建筑师已给室内设计师留下了较好发挥设计的建筑空间。我们在设计时认真分析了大厦的特征——TCL大厦是TCL集团的总部所在地。TCL又是一个高科技行业的著名企业。我们认为设计须体现出TCL企业的文化与形象,让设计元素有TCL的基因。于是我们依据提炼DNA的三个步骤,创造出了该大厦内部空间的设计符号,并使之形成一个链接。

其空间的DNA:

孵化器——高科技的研发中心。

能量加速器——高科技的领头企业。

电子线路板——IT企业的独特符号。

源泉地——科研与生产的结合地。

将4个DNA建造成一组DNA链,在建筑内部空间相互连接,共同体现了TCL的符号系列,其文化含量也蕴含其间。

在主入口的门前设置了一个金属雕塑"能量加速器",并在主入口的右侧设计了一座水池,水池中放置了一个玻璃"孵化器",画龙点睛,指示出该大厅的寓意(图2-17)。

进入大堂,我们把9m多高、400多平方米的空间增设了一个贯通两层的照壁作为主要展示面。照壁用腐蚀玻璃雕刻出电路板,并用不锈钢织网编织在两侧,体现出一种高科技的现代感,充分体现出TCL的技术特性(图2-18)。

在室外休闲空间中设计一座喷泉做源泉，流水从高墙上潺潺流下，转入水池中从源泉上涌出，池中漂浮着朵朵鲜花，寓意TCL集团的科研成果。

以上4种DNA在其他空间均有体现，共同构筑成了该大厦室内空间中的符号系列(图2-19至图2-21)。

图2-17　TCL大厦主入口

图2-18　TCL大厦大堂空间

图2-19　TCL大厦过渡空间设计

图2-20　TCL大厦电梯厅

图2-21　TCL大厦办公室

单元训练与拓展

1. 参考资料

陈圻，刘曦卉．设计管理理论与实务[M]．北京：北京理工大学出版社，2009．

2. 课题内容：编制设计项目的计划书

- 课时12小时。
- 教学方式：虚拟一个酒店设计的课题，由老师用一套完整的酒店设计图纸，讲解整个装修方案设计的要求。要有明确的功能要求，进度要求和设计成果要求。

将学生分成若干个组，每个组3~5个人。以组为单位集体讨论后，再编写计划书。

3. 作业要求

作业：《某酒店室内设计项目计划书》，其中至少应包括：

① 项目概述；

② 项目设计小组的构架；

③ 项目进度计划；

④ 项目重点、难点分析；

⑤ 项目设计审核及流程；

⑥ 项目成果文件清单。

作业采用小4号宋体字打印成A4文本，字数不少于1500字，要求有图表(组织架构、进度计划、工作流程宜采用图表表示)，要求图文并茂。

4. 训练目的

通过作业的完成，要求基本掌握设计计划编制的要求，对设计项目的运作有一个整体的认知。

5. 相关知识链接

(1)《管理原理》(1911年)弗雷德里克·温斯洛·泰勒(Frederick Winslow Taylor)

(2)《工业管理与一般管理》(1916年)亨利·约尔(H·Fayol)

第三章 流程与管理
——室内设计的操作程序

本章要点

一个项目从启动到完成的全部设计过程可分为六个阶段来进行操作，每个阶段的设计依据和工作要点各有其不同的特点：

第一、二阶段的重点在设计创意。

第三阶段的重点在室内设计与机电各专业的相互配合。

第四阶段的重点在室内空间六个方面的呼应和节点处理。

第五阶段的重点在设计图的分解，以利于工厂的加工制作。

第六阶段的重点在设计对施工的监控，防止设计走样。

本章要求和目标

◆ 要求：通过本章的学习，学员应掌握整个设计工作流程和各个设计阶段的输入到输出的操作程序。

◆ 目标：明确各个设计阶段的依据、设计内容、工作重点及做出的成果。

第一节　室内设计工作的阶段划分与设计成果

室内设计与建筑设计是两个不同的范畴，建筑设计更重于建筑功能和规划形态的实现，而室内设计则重于内部空间的使用功能与环境氛围的艺术再造。有一个形象的比喻：如果把建筑物比作一个人的话，那么建筑设计是在构建人的骨骼与躯体，机电安装专业设计则是铺设、搭建人的血管脏器，而室内设计则是给人穿衣戴帽和装束。衣服是依据人的体格来裁剪的，室内设计也是在建筑设计已经基本完成的基础上来进行的。所以可以理解为，室内设计是建筑设计工作内容的延伸。因此，其设计工作的开展与工作阶段的划分，也可以依照建筑设计来进行，但要更细分一些。一般情况下，我们将室内设计分成四大块，分别是初步设计(概念设计、方案设计)；扩大初步设计(各专业汇总协调设计)；施工图设计；现场技术支持(施工图深化设计、现场技术配合)。这四大块又可分成6个工作阶段。每个工作阶段的具体工作内容和向业主提交的设计成果均有所不同。

1. 第一阶段：概念方案设计

(1) 设计依据。
- 甲乙双方签订的设计合同；
- 业主提供的设计任务书或酒店管理方提出的《设计指引》；
- 原建筑施工图；
- 业主提供的市场分析报告。

(2) 工作要点。
- 将主设计师的创意火花与业主进行碰撞，引导业主的审美趣味或与业主沟通作品的风格；
- 研讨主要的室内功能分布和空间的使用要求；
- 人流、物流、车流的交通组织分析。

(3) 本阶段需提交的主要设计成果。
- 室内装饰装修设计创意文字说明；
- 配套参考图片；
- 主要功能分布和重要节点布置分析图(平面图)；
- 人流交通分析图(分析图)；
- 经济技术指标(造价估算)。

2. 第二阶段：方案设计

(1) 设计依据。
- 甲乙双方签订的设计合同；
- 业主关于概念设计的《审查意见书》或《概念设计座谈会纪要》；
- 原建筑、结构相关图纸。

(2) 工作要点。

● 细化平面图，这是任何方案中最基本的部分；

● 多媒体演示文件的制作，用直观的方式较易打动业主，更利于与业主的沟通；

● 材料样板的选用，这是决定最终效果和工程造价的关键因素。

(3) 本阶段需提交的主要设计成果。

● 整体方案的设计说明；

● 各层平面图(彩色效果)；

● 主要部位的顶面图(彩色效果)；

● 重点空间的透视效果图(3D效果图)；

● 物料表、主材实样及说明；

● 机电设备系统配置方案；

● 家具软装配置方案；

● 多媒体方案介绍演示文件(3~15分钟)(这个多媒体文件的演示时间长短是依据设计方案的大小来决定的)；

● 设计白皮书(彩印本)。

3. 第三阶段：扩大初步设计

(1) 设计依据。

● 业主关于方案设计的《审查意见书》；

● 建筑、结构、机电相关专业图纸。

(2) 工作要点。

● 室内设计专业与建筑的其他六大专业的配合汇总；

● 吊顶内的剖面图，应将机电专业的设备安装与吊顶的位置关系表示清楚。

(3) 本阶段需提交的主要设计成果。

● 重点区域的最终定稿透视效果图；

● 各系统平面布置图(公用专业的末端定位布置图)；

● 各系统顶面布置图(公用专业的末端定位布置图)；

● 主要空间的平、立、剖面图(需注明尺寸及材质)；

● 设备系统配置图——由机电专业完成，主要表示机电设备与装修设计的要求；

● 设计白皮书(最终的方案设计定稿图册)；

● 最终修改确定的材料样板实样(只提供修改部分的材料样板)。

4. 第四阶段：施工图设计

(1) 设计依据。

● 业主对扩大初步设计的《审查意见书》；

● 建筑各专业汇总协调会《会议纪要》。

(2) 工作要点。

● 施工图的设计深度要满足工程预算和现场施工的要求；

● 室内空间的六个面均要设计，并相互呼应。各部分尺寸标注清楚，与建筑图的尺寸相吻合；

- 要符合国家有关消防的设计规范和建筑工程强制性规范；
- 索引号要在图纸中标清楚，并可互相对应；
- 施工材料和施工工艺要表述清楚、全面；
- 要符合国家有关餐饮卫生检验检疫的规定和要求。

(3) 本阶段需提交的主要设计成果。

- 施工图设计说明(施工工艺做法要求)；
- 图纸目录；
- 各部位主要材料表(要明确标注材料编号，且不得混淆)；
- 各部位平面布置图；
- 墙体定位平面图；
- 电气点位定位平面图；
- 地面材料及图纸索引平面图；
- 家具平面布置图；
- 各部位顶面放大图；
- 吊顶材料及尺寸顶面图；
- 各部位立面图；
- 各部位剖面图；
- 各部位节点大样图；
- 固定家具图；
- 活动家具图；
- 其他有助于说明和表达的图纸。

5. 第五阶段：现场深化设计

(1) 本阶段的工作要点。

- 图纸尺寸与现场尺寸的核对；
- 图纸的分解，要便于工厂加工；
- 建筑内部五大专业(装饰、空调、消防、给排水、强弱电)的综合协调。

(2) 本阶段的主要工作内容。

① 现场尺寸的复核与再定位，并根据现场尺寸对施工图进行微调。

- 根据现场进行平面尺寸定位，按照图纸结合现场情况及施工测量员提供现场测量尺寸，明确所有平面所需装饰部位的尺寸，对相同部位、相似空间的尺寸进行归纳统一；
- 综合考虑功能，家具陈设、设备等尺寸，便于后续的施工和问题发现；
- 协助施工员和检查施工人员现场放线工作。

② 进行各专业现场综合协调，解决各专业的配合问题。

- 各公用专业的综合协调工作是在施工图深化设计中极为重要的内容，会同电气、空调、给排水、消防、弱电、智能化等专业的要求；
- 进行综合专业协调，将以上各专业终端反映到天花、墙地面图上，并进行协调排列，绘制总平面图和总顶面图；

- 装饰面上各专业的终端排列安装要求，做到既满足各专业规范要求，又达到装饰工程整齐美观要求排列。

③ 立面装饰设计定位、修改与调整。

- 在平面尺寸定位的基础上根据现场测量尺寸把立面上装饰的机电设备终端点位如实地反映到墙面上；
- 明确墙面不同材质部位和大小，方便施工交底而且发现尺寸比例有问题、机电终端点位冲突时可以进行适当调整。

④ 重要节点的深化与修改。

- 在做好平面尺寸定位和立面装饰定位的基础上，对一些不同材质的收口或有造型的部位进行细化；
- 对墙地面石材金属板饰面材料进行优化组合排板；
- 根据已制定的施工技术方案深化内部结构，分析施工的先后顺序；
- 确保施工工艺的先进性和合理性。

⑤ 分解图纸，以便于工厂加工及现场装配施工。

- 构件图；
- 排版图；
- 开料图。

⑥ 根据甲方的修改要求或上一阶段设计的不足作出现场修改图。

6. 第六阶段：现场设计交底和技术指导

(1) 本阶段的工作要点。

- 当施工中遇到实际状况与设计图纸有出入时，现场因势利导给予技术处理；
- 解决现场产生的修改与调整，修改、完善施工图纸。

(2) 本阶段的主要工作内容。

- 对施工技术人员进行设计交底，并配合施工人员对班组进行技术交底；
- 协助施工人员对现场施工的符合性和规范性进行检查；
- 针对施工工艺上的疑问会同施工人员进行研究并及时解决。

(3) 第五阶段与第六阶段的工作区别。

- 第五阶段重点在深化设计，补充修改第四阶段的不足；
- 第六阶段重点在现场技术指导，检查施工时不要走样。

按照国内设计规范对建筑装饰设计的深度要求和设计工作惯例，设计单位在提交第四阶段的工作成果后，室内设计工作可以告一段落。第五、六阶段的工作可以由工程承建单位组织设计人员来负责，以进一步满足现场施工的实际要求。如果业主认为有必要也愿意承担相关费用，亦可以继续交给室内设计单位来完成深化设计阶段的工作，这样的好处是对原设计的理解把握比较到位，不容易设计走样。若交由施工单位来做深化设计，则设计单位只需要负责审核把关工作。

某酒店方案设计阶段图例及广州富力丽思·卡尔顿大酒店宴会厅如图3-1至图3-4所示。

图3-1　某酒店方案设计阶段图例(一)

图3-2　某酒店方案设计阶段图例(二)

图3-3　某酒店方案设计阶段图例(三)

图3-4　广州富力丽思·卡尔顿大酒店宴会厅

第二节　从施工图设计阶段切入的室内设计工作程序

在项目设计的实践中，我们常遇到业主已将室内设计方案阶段、扩大初步设计阶段交给国外(境外)设计团队基本完成，但由于国外(境外)设计师的工作深度与国内设计规范的要求不同，大部分的设计公司所出的图纸深度难以满足施工要求，同时根据我国建筑设计管理相关政策，国外(境外)的设计方案需由境内具有相应设计资质的公司完成施工图，故在施工图及深化设计阶段须由国内设计公司来实施。作为室内设计师，时的主要工作是对扩大初步设计进行深化，即从施工图设计阶段开始接手，并在项目总建筑师的指导下进行现场设计配合，直至整个工程完成。

那么在这种状态下，我们的工作思路则应有别于正常情况下的设计工作程序，它的设计阶段分工如下：

第一阶段——施工图设计(工作内容同上述第四阶段的要求)；

第二阶段——现场深化设计(工作内容同上述第五阶段的要求)；

第三阶段——现场技术配合(工作内容同上述第六阶段的要求)。

可见，在这种模式下一般是从常规设计程序的第四个阶段(施工图设计)开始工作。这个过程的工作量相当巨大。这是因为方案图是无法直接用于施工的，要通过施工图设计及施工图深化设计阶段，绘制大量的施工图纸，才能满足现场施工的要求。

在施工图设计阶段的依据是建筑图纸，而在深化设计阶段的依据是施工场地现状。由于建筑施工与建筑图纸存在一定的误差，而这些误差可能使原施工图无法实施。另外，目前通行的施工图的制图标准和方法是以现场制作施工为主要施工方法来进行设计，而目前装修工程施工基本上已到了工厂制作半成品构件，现场仅负责安装，所以施工图只能用于投标预算报价，无法直接用于工厂加工制作，必须将现有的施工图分解成构件图才能用于工厂加工，故当施工图完成以后到工地现场展开现场深化设计的工作显得格外重要。这些深化设计的工作量也非常之大。我们为了保证承建单位在施工时不走样、少走样，一定要派出设计能力较强的技术人员长驻现场进行检查配合，至少应当是定期检查。

在此要特别指出，由于施工图设计的依据是国外(境外)设计师的扩大初步设计阶段或都是方案阶段的图纸，故施工图要按原创图纸进行，严防走样。每一批图纸完成后交原创设计师审核批准。国外(境外)设计师对国内设计师的施工图的审核、标注：A、B、C的三种类型，A类为"审核通过"，B类为"有条件审核通过"。此时，会将需修改的地方用云头纹标注，C类为"不通过"，打回来重画。这种审核方法明确有效。

一、施工图的设计流程

施工图的设计流程如图3-5所示。

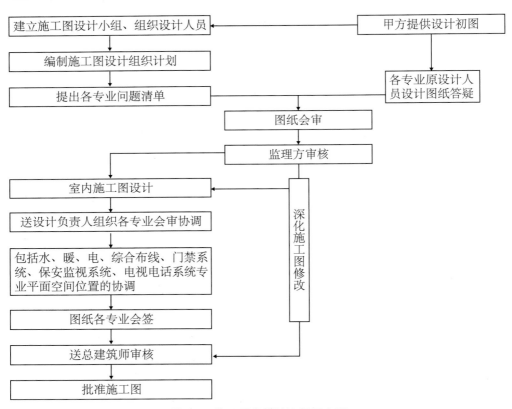

图3-5　施工图的设计流程示意图

二、施工图的质量控制

我们一般是采用PDCA循环法，在PDCA循环当中，持续改进，不断提高设计质量，最终使设计与施工完美结合，实现当初的设计思想和理念，如图3-6所示。

A 完善图纸，形成标准化设计文件进行设计交底移交业主

C 业主、监理方对设计图进行签认，业主、监理方共同审定图纸，寻找并修改不符点

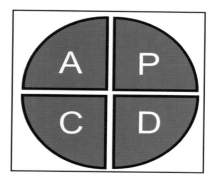

P 汇总施工图目标要求，制定设计工作计划，开展设计工作

D 确定设计工作周期，调整扩大初步设计阶段的不足之处，对节点进行详细设计

图3-6 施工图的质量控制示意图

第三节 现场深化设计阶段的工作

一、现场深化设计阶段的工作内容

现场深化设计阶段的工作内容如表3-1所示。

表3-1 现场深化设计阶段的工作内容

阶段名称		工作内容	具体要求
开始施工前	1	根据已有施工图纸，制作材料排版图和开料图	为局部区域特殊结构的施工和用料提供依据，为工厂生产提供构建图，以满足工厂生产、现场安装的施工工艺要求
	2	根据施工现场的尺寸调整、修改施工图	核对图纸与施工现场的误差，调整图纸中的尺寸或根据现场尺寸修改设计，使图纸能够成为施工的依据
施工过程中	1	参与施工各阶段的检查工作	检查各道工序或分部分项工程是否满足设计要求
	2	为过程中的设计变更提供变更图纸	满足业主和监理人员提出变更的各项设计要求
施工完成后		绘制竣工图纸	满足工程决算和维修服务的要求，为各地建筑档案馆存档

二、深化设计过程控制流程

深化设计过程控制流程如图3-7所示。

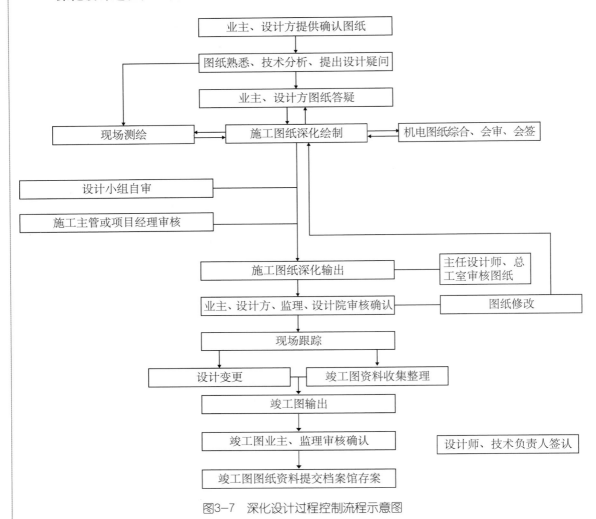

图3-7 深化设计过程控制流程示意图

三、深化设计的工作标准

1. 施工图深化设计工作目的

以原设计为依据，结合工程现场实际情况并综合协调各专业图纸，对一些图纸和现场不相吻合的地方进行修改或重新设计。解决装饰设计图与各专业图纸的矛盾，使工程达到艺术效果并满足工程需求。加强施工与设计的沟通，理解原设计图纸的空间构想、设计意图等，根据不同材料的性能特点制定安全、合理、科学的施工方案，结合新工艺新技术以节能环保的手段在满足我国现行各规范的条件下努力实现原设计表现。以指导施工为最终目的，做到施工过程中按图施工、有图可依，工程完工后有图可据。设计文件符合国家法律、法规和强制性标准；确保工程设计质量。

2. 现场深化设计工作方法

(1) 平面尺寸定位。

按照图纸结合现场情况及施工测量员提供现场测量尺寸，明确所有平面所需装饰部位的尺寸，对相同部位、相似空间的尺寸进行归纳统一。综合考虑功能，家具陈设、设备等尺寸便于后续的施工和问题发现。协助施工员和检查施工员现场放线工作。

(2) 进行各专业综合协调工作。

各公用专业的综合协调工作是在施工图深化设计中极为重要的内容，会同电气、空调、给排水、消防、弱电、智能化等专业的要求。进行综合专业协调，将以上各专业终端反映到天花、墙地面图上，并进行协调排列。装饰面上各专业的终端排列安装要求，做到既满足各专业规范要求，又达到装饰工程整齐美观要求排列。

(3) 立面装饰定位。

在平面尺寸定位的基础上把立面上装饰的机电设备终端点位如实的反映到墙面上。明确墙面不同材质部位和大小，方便施工交底而且发现尺寸比例有问题、机电终端点位冲突时可以进行适当调整。

(4) 节点深化修改。

在做好平面尺寸定位和立面装饰定位的基础上，对一些不同材质的收口或有造型的部位进行细化。对墙地面石材金属板饰面材料进行优化组合排板。根据已制定的施工技术方案深化内部结构，分析施工的先后顺序，确保施工工艺的先进性和合理性。

(5) 结构深化设计。

对于大跨度的造型天花，干挂石材墙面等重要装饰分项工程需要增设结构层，并进行必要的结构计算。

(6) 现场施工技术交底和监督指导。

在完成审批后的深化设计施工图后，配合现场施工员对现场的施工管理以及施工班组进行技术交底，确保深化图纸的正确指导性，统一施工做法，便于管理。在施工过程中深化设计师要协助施工员对施工规范检查工作如果现场有施工工艺上的疑问应会同施工员进行研究及时给予解决。

(7) 深化设计进度要求。

深化施工图的进度要求，一般在接到中标通知内数天后深化设计师须进驻现场，进行深化设计，根据施工进度急缓程度安排深化设计进度，一般时间控制深化设计图在一月内完成。

深化设计现场施工图服务，实际上是现场设计跟踪服务，它贯穿整个施工期。

(8) 深化设计的深度要求。

深化设计图深度应做到：能够明确正确地指导施工；能够达到作为施工决算可靠依据；深化设计应合理、耐久、可靠，符合国家现行的相关规范，标准。

深化设计图应做到现场施工尺寸，标高相吻合，做到施工图与现场装饰层饰面，内部构造相一致。

对于重要部位构造和采用新工艺，新材料部位的构造，应具有详细的节点构造和详图。

(9) 深化设计的质量控制。

深化设计阶段质量设计的方法与施工图设计阶段的质量控制方法相同，采用P、D、C、A循环法(表3-2)。

表3-2　P、D、C、A循环法

阶段		内容	具体说明
P	1	业主、总建筑师、监理方、项目部门三方会审，根据施工要求，确定需要深化设计的内容	明确功能和装饰效果，符合现场条件、技术规范及相关的材质要求，特别是方便施工和控制造。
	2	制定工作计划	确定工作周期，将各深化设计内容进行分工，并制定相应的工作计划表
D	1	重新调整和制作开料图和材料排版图	符合原方案的审美和材料特性要求，提供材料采购和用料依据，便于施工，降低成本
	2	修改完善节点图	根据总建筑师要求进行调整，方便施工，确保效果
C	1	深化设计组会同总建筑师和监理方审定深化图纸	确认满足D1、2中的各项要求
	2	会同项目施工部门和监理方工程师进入现场详尽复核施工图纸	记录施工人员和监理人员的具体要求以便进一步修改完善
A	1	根据施工人员、总建筑师、监理人员的要求修改完善全部图纸	达到P阶段的各项要求
	2	三方人员(施工部门、总建筑师、监理人员)认可签字	对不合格部分提出整改直至满足标准
	3	汇编文件和设计图纸，提供标准化的设计档案；进行三方交底；交付施工人员，进入下一个工作流程，为制作竣工图提供依据	提供标准化施工依据。三方会签的图纸文件将为避免不合理变更提供依据。其他文件将成为结算依据

除上述内容外，深化设计要尽量控制如下两个问题：

① 装修材料未定或不明确。装饰材料多数需与总建筑师和方案设计单位共同商定，为此需要在规定时间完成材料的选样、封板工作；该项目材料质量等要求高，必然确定周期长，深化设计人员应积极与材料供应商联系，加快样板确认速度。由于装饰材料的确定直接关系到整个深化设计的过程，尽早完成材料的报批。

② 缺少节点图、遗漏设计变更。在深化设计过程中一定要和机电设计、施工单位

搞好配合，这是保证设计质量的重要内容。如果与机电等工程配合不细致，导致很多节点无法确定，致使深化设计无法进行下去。

单元训练与拓展

1. 参考资料

某项目室内设计投标书(百度文库)。

2. 课题内容：室内设计投标书

- 课时：24课时。
- 教学方式：老师先给提示，讲解投标书编制要点。并选择一个真实的投标案例——"××酒店室内设计招标文件"，其中应有设计要求、招标要求和建筑图纸(该建筑总面积2~3万m²为宜，可以是高层建筑，柱网为9m左右，其建筑功能为酒店建筑。该套图纸将在本书的第二、第三、第四章的训练中使用)。
- 要点提示：

(1) 投标文件一定要完全响应招标文件的要求，由于是虚拟的课题，对招标文件中的某一些要求，例如：投标押金、设计人员简历等可以虚拟。

(2) 投标书编制的要点如下。

① 设计依据；

② 设计内容范围；

③ 设计面积数量；

④ 设计小组成员；

⑤ 设计进度计划；

⑥ 设计质量标准；

⑦ 设计审核；

⑧ 设计输出。

3. 作业要求

投标书采用电脑打印文本，A4开本，小4号宋体字，装订成册。设计进度计划可以是网络进度计划图，也可以是横道进度计划图。

4. 训练目的

要求学员将书本知识尽量靠近实战操作，能够基本掌握室内设计项目的计划管理的方法。

5. 相关知识链接

（1）设计输入到设计输出的工作流程，参见《万科地产管理流程设计管理制度2011》（百度文库）

（2）《酒店设计》，网址http：//www.doc88.com

（3）《室内设计投标书》（百度文库）

第四章 风格与流派
——设计作品的表现形态

本章要点

设计是为谁服务的？当然是为委托人服务的。委托人永远把握着设计作品的生杀大权。要让委托人了解我们设计作品的与众不同，采用"比较法"来说明容易取得较好的效果。所以概略地介绍《当代中国室内设计主要流派》之后，再阐明我们作品中的"四大要素"：物质要素、技术要素、形态要素、美学要素。

就可以在短时间内让委托人了解我们作品的亮点和个性。

本章要求和目标

◆ 要求：从解读当代中国室内设计主要流派入手，认识和发现设计作品的四大构成要素。

◆ 目标：建立起随时随地地观察、思考的习惯，培养善于发现美好形态的敏锐感觉。

优秀的设计师都有着强烈的"设计意识"。他们的作品往往都紧扣两个环节，一是业主的要求，二是原建筑提供的条件。这样的作品既能满足或高于业主要求，又能满足或完善原建筑提供的基本条件。他们深知，设计作品不是个人审美意识的流露，不是自我个性的表现，而是为他人裁剪的"衣服"。要让委托人穿着得体、舒适才是成功的作品。虽然我们不能说"成功的作品＝优秀的作品"，但能受到委托人认可并为众人所认可的作品一定是成功的作品。这就是我们所谈的"设计意识"。设计意识是设计师对设计作品创作过程的思维习惯，尤其是刚从学校出来的年轻设计师，把任何一种作品都理解为自我审美倾向的表述，往往做自己喜欢的、擅长的，作品中流露出"自我"的痕迹。设计作品要表现出的不仅仅是设计师个人的爱好和造诣，更主要的是委托人的需求。所以，当设计师接手了一个设计项目，与委托人(业主)沟通后，首先要思考的问题是，以什么样的形式来表达创意并满足委托人的要求，委托人愿意接受什么形式的作品或哪种表达能更好地打动委托人，这就涉及我们常谈的作品的风格或流派。

中国室内设计行业的再次复兴应从20世纪80年代初开始计算，至今已有30年的历程了，它的发展有起有伏，有高有低，有繁荣时期，也有平淡时期，存在一条明显的脉络，主要可分成4个阶段，如图4-1所示。

序号	时间	高峰时段	特征
第一次阶段	1987年前后	历时2年	模仿
第二次阶段	1995年前后	历时3年	跟风
第三次阶段	1999年前后	历时3年	个性
第四次阶段	2006年至2011年	历时5年	原创

图4-1 中国室内设计的发展阶段

在这4个阶段中，我们的室内设计师经过了一个成长过程：从"照葫芦画瓢"到一种新的材料或手法出现集体跟风一拥而上的"模仿"、"跟风"，再到有自己的一定的创意，进而到有相对完整、明显个性的设计风格，到强调原创。模仿—跟风—个性—原创，由于这个演变过程是建立在国际上流行和成熟的流派的基础来操作的，很多思想、手法是"舶来品"，即是站在巨人肩膀上的，所以发展演变的速度很快，过渡时间短，基本上在跟进国际潮流(特别说明：这里谈到的第三个阶段的个性特征是针对前两个阶段的"模仿"、"跟风"而言的，此时，已摆脱了"跟风"，而是在选择使用材料和工艺及作品的形态时有一些自己的主张，但还不能完全地原创)。

欧美发达国家每一个设计流派的出现，总是与当时该国工业文明的水平相适应的，也就是说，每一个流派产生的土壤是它当时、当地的国家政治经济、工业生产的大环境。而我国三十年经历的设计流派的涌现其实与当时的工业生产水平并无明显的直接联系，特别是20世纪90年代是如此，所以这些所谓流派更多的是受到先进国家的影响而产生的，它的大环境是国际环境，小环境才是国内的政治开放程度和经济发展水平。正因为如此，才出现了"四个高潮"，正因为如此，才会呈现出流派更替演变的速度很快。

在我国，流派本身的积累形成过程是不明显的，但流行替换的速度却很快，带来非常明显"舶来"痕迹，所以它是在"国外生长，国内开花"的产物(图4-2、图4-3)。

图4-2 东部华侨城茵特拉根酒店宴会厅

图4-3 深圳欢乐海岸创展中心

第一节　当代中国室内设计的主要流派

其实从严格意义上讲，"流派"要有本派的代表作品、代表人物、精神领袖和理论依据，但中国自改革开放后复兴装饰装修行业只有30年历史，是一个年轻的行业，恐怕这些要求难以寻找到。所以在这里说的"流派"实际上应称为"流行的风格"更贴切一些，只是为了叙述方便。

当代中国室内设计的主要流派有后现代、高技派和多元主义，如图4-4所示。

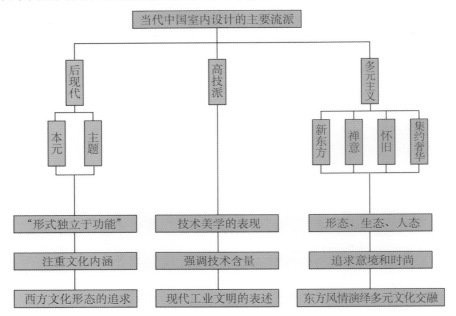

图4-4　当代中国室内设计的主要流派

室内设计中的"三大流派"与建筑设计中流派的异同如下。

"三大流派"的冠名笔者不敢擅专，大部分是顺应建筑评论引申而来的。严格来说，这三大流派中的"高技派"与"后现代派"虽来自建筑设计的分类，但在实际含义上还是有所区别的。例如，建筑设计中的后现代派所主张的是反对现代主义建筑中的千篇一律的面孔，反对现代主义建筑强调功能第一的原则。建筑中的后现代派是强调建筑的形式要从古典建筑和波普艺术中吸收营养的一种流派。而在室内设计中的"后现代派"保留了建筑设计中后现代派的美学特征和技术特征，但在形式上则是指以大量的装饰构件来包裹结构围护体，这些装饰构件的设计元素又大多以欧洲文艺复兴时期的一些传统建筑符号为蓝本来重组。它并不否定现代建筑强调使用功能的思想，只是有些强调室内空间的装饰效果，追求一种古典美和商业性罢了。因此，室内设计中的后现代派可以理解为建筑设计中后现代派的一个分支。虽然这两个专业的同一流派研究的目标相一致，但表现的方法还是有较大区别的。

室内设计的"高技派"倒是与建筑设计中的"高技派"比较接近。我们可以理解它是沿袭现代主义的设计思路螺旋式发展而产生的一种流派，它们同样是以施工技术的进步性、建筑材料的先进性和使用功能的合理性为追求的目标，充分表现现代工业文明的技术美学。

虽然建筑设计理论中没有"多元主义"这个概念，但室内设计中的"多元主义"与建筑设计中的生态建筑学有许多共通之处。它追求室内空间的形态、生态、人态的充分表现，追求人与自然的和谐，追求空间氛围的意境表达，用现代建筑材料追求一种"禅"的境界。同时，"多元主义"多采用两种表述方式：一是用东方历史文化元素来表达设计创意；二是将多元文化交融而创造出一个新形式。

室内设计中的三大主要流派与同时期在建筑设计中的相应流派有密切的渊源和承袭关系，但"和而不同"。我们主要是站在室内设计的角度来阐述各主要流派的特性，没有去分析它产生的社会背景，更多的是从一个设计师需要表现的手段来研究它的。

在这里，首先要解释三个重要的词汇。

(1) 结构系统：这是指建筑设计中的梁、柱、板、中心桶等结构体系。

(2) 围合系统：这是指建筑设计中的墙体、楼板等，将使用空间包围起来的体系。

(3) 装饰系统：这是指室内设计中采用各种材料工艺构成的装饰效果的各种构件。

三大流派的划分实际上是从四个方向来概括和研究当前中国的室内设计作品的。

第一个方向：西方古典建筑已成为历史，但它的遗痕流传至今。从后现代的作品中依然可以挖掘到它的影子。因此要研究"后现代"，最好从西方古典建筑和西方文化入手。研究这个流派要弄清楚两个问题。其一，什么是现代主义建筑？因为后现代是在现代主义的基础上形成的，没有现代派，何来后现代派？现代派是20世纪中叶西方发达国家在建筑领域里占主导地位的一个建筑思想。现代派主张摆脱传统建筑形式和束缚，大胆适用于工业化社会的条件，要求崭新的建筑，发展到顶峰时，过分强调人本主义，主张"天人分离"的二元论，它主要以"功能"为中心，抹杀了建筑的个性，搞的是千人一面，千楼一面，让所谓的"国际式"建筑(俗称"火柴盒")在全世界大面积流行。但从技术角度来讲，当时的钢筋混凝土技术的确是先进的，属于当时的"高技派"。它的流行推动了世界房屋建造的速度，解决了数量问题。用存在主义的哲学观来解释，现代主义建筑的流行有其合理性和正确性，适应了当时工业发展的水平，利用当时的工业技术的条件，推动了当时工业社会的发展。但是其负面作用是缺乏建筑的艺术性、多样性。其二，要弄清楚什么是后现代派建筑。当后现代主义对现代主义在理论上予以迎头痛击之后，就产生了一个新的建筑设计思潮，即是后现代派。建筑是一门艺术，艺术就必须有个性。缺少了个性，就没有了艺术存在的土壤。追求多样性，世界才变得更加丰富多彩。当弄清楚前两个问题后，室内设计中的后现代派的轮廓就比较清晰了。室内设计中的后现代派是吸收古典建筑的众多元素加上波普艺术的装饰性构筑成了一个装饰系统，将建筑结构系统和围合系统包裹起来的一种设计风格。

第二个方向：现代派建筑虽然从当年的主流形式退到了非主流形式，但它自身依旧在发展。例如，20世纪80年代中期传入我国的解构主义流派就是如此。它沿袭了现代主义强调技术性这一特征之后，发展成为了后来的"高技派"。当然其技术内涵和形式感已经有了质的变化，是螺旋式的前进，转了360°又到了原点，但此时的原点已经不是彼时的原点了，而是上升了一个台阶。它将航天工业的某些材料、机械工业中的某些技术融进了建筑工业之中，半个世纪前的现代派与它不可同日而语，但其血管里依然流淌着现代主义的血。所以三大流派中的"高技派"不同于"国际主义"和"解构主义"，只是在强调技术性上有许多共同点。

第三个方向：从东方文化中去理解"多元主义"，在东方文明古国传统建筑中寻找灵感。仁者乐山，智者乐水，水润土，土生木，木成林，林生氧，氧密化成负离子，在东方文明的"天人合一"中它含了许多现代科学的道理，这就是所谓"道法自然"，实现人与自然共生、共存、共乐、共享、共雅、和谐发展、"藏风聚气"、"藏风得水"的设计理念。在诗意盎然的三维空间中彰显宇宙万物的灵性与和谐，演绎无尽生态环境的尊崇气质。"新东方"风格里的某些作品还采用泰国的一些传统艺术，它的佛教建筑的符号、元素中弥漫着一种佛教艺术的氛围。在用建筑围合起来的室外环境和室内空间中追求东方韵味，将园林(特别是私家园林)的处理手法融入建筑，创造出"天人合一"、"道法自然"的一个生态环境。

第四个方向：从多元文化的交融中来构建新艺术式样，从商业运作中产生文化与商业的互动，焕发出活动与激情。信息社会使世界多元文化水乳交融变得如此容易，新的时尚围绕着大众的生活，让商业披上高雅的文化外衣潜进消费市场，改变了传统文化继承的方式，不以说教的面孔示人，而是让人在休闲、消费的过程受到潜移默化的文化熏陶。用商业运作让"集约奢华"的风格处处闪现着创新、时尚。雅俗共赏是一种文化的理念，是一种充满"张力"和"冲突"的过程，只有在历史与现实，文化与商业，高雅与通俗，时尚与经典的深层次的碰撞矛盾之中，才会产生"雅俗共赏"的精品。

我们可以简单一点来概括这三大流派："后现代派"——西方文化形态的一种追求，"高技派"——现代工业技术文明的一种表述，"多元主义"——东方风情的一种演绎和多元文化交融。

由于当今的文化类型繁复琐碎，反映在室内设计领域亦是如此，所以在三大主要流派之中又细分为七种不同风格。在分析七种风格时，既研究其本身的艺术特征，又分析了其在经济活动中的商业背景，无论是哪种风格都无法避免受到商业性影响和利用。因为七种风格的每一件作品本身都是一件商品，披着艺术外衣的商品。在文化价值的大旗下掩盖着的是其商业价值。衡量它们是否成功的标准是利润而不是其他。这是市场经济中对一切商品衡量的标准。当然这一点不在本书中表述之中，仅此说明。

一、后现代派

在20世纪60年代西方发达国家中涌现出来的后现代主义于20世纪80年代中叶传入我国，20世纪80年代末流行于室内设计领域，时至今日(图4-5)。

西方的后现代是一种文化思潮，其内容涉及哲学、文学、社会科学乃至科技、设计等领域，有很大的包容性。相对于"现代主义"而言，它有两重不同而又相关的涵义，一是就社会特征而言，后现代主义反抗现代工业社会中确立的理性主义，个体主义的价值观；二是就文化形态而言，后现代主义剥离了披在古典艺术身上的高雅外衣，把它商业化、世俗化。用这样的形态来摆脱"严肃的、冷漠的、单调的现代主义与国际主义设计风格带来的压抑"(《世界现代设计史》)。从社会发展的角度而言，后现代主义相对于现代主义是一种进步。中国科学院院士彭一刚教授曾说："古典主义是农业社会的产物，现代主义是工业社会的产物，后现代主义是信息社会的产物。"

后现代主义设计是对现代主义的反抗。现代主义设计的鼻祖密斯·迈德罗教授提倡

"少即是多"的思想，反对一切多余的附加在主体之上的装饰。后现代主义主张注重设计作品的商业性、产品的装饰性。要满足消费者审美心理的要求，满足人性的需求，形态要有文脉传承。正如美国建筑评论家彼得·霍夫曼在《八十年代的美国建筑》一书中说："后现代再也不把装饰视为异端。"

后现代主义设计并非将现代主义设计全盘否定。它肯定现代主义设计注重研究设计的功能性的特征。它提倡"二元性"（精神功能＋物质功能），否定"一元性"（功能至上）。对产品的形态加进了许多情感和人性化的装饰效果。就像美国评论家查尔斯.詹克斯所说的一样："后现代主义是现代主义加上一些别的什么。"

中国室内设计中的后现代派更多的是继承了西方发达国家的后

图4-5　　深圳威尼斯酒店大堂一角

现代主义中的设计手法和产品的形态要素，对其"社会特征"的理论，价值观、哲学观倒并没有太多的强调。这主要是因为东西方文化中的价值观有太多的不同，社会背景也有太多的不同，故此，这些流派传入中国，在技术层面的影响大于哲学层面的影响。中国室内设计中的"后现代派"呈现出一种什么文化形态呢？中国的后现代设计强调形态独立于功能，强调文脉、隐喻、装饰，比较完整地体现出西方发达国家后现代设计作品面貌——采用古典建筑的符号，强调了装饰效果，突出了作品商业品质，同时为了更好地表现异国情调，设计中采用的符号、元素不仅仅只来自西方古典建筑，而且还来自西欧国家的民俗风情、地方文化等等。在设计中大量运用了这些符号，但又不是简单的复古，采用折中的手法，把传统的文脉与现代设计结合起来，用新的技术形式来取代现代主义、国际主义一成不变的技术特征。以更加丰富的视觉元素来取代"一元性"的视觉元素，其新的材料、工艺表现出了我国当代工业技术水平，而不是用古老的材料和工艺来建造。它有三点值得研究。

（1）理论依据："技术是建筑的必要条件，但不是充分条件"；"形式要刻意设计"；讲究形式的象征性和设计的文化内涵；这些理论基本上是来自美国建筑设计中"后现代主义"的概念。中国的设计师们认同这些理论，并自觉地接受它，当然是被动地接受。

（2）形态特征：美国建筑师斯特恩提出后现代主义建筑有三个特征："采用装扮；具有象征性或隐喻性；与现有环境吻合。"我国的室内设计的后现代派作品是怎样来体现斯特恩的这三个特征的呢？我们知道建筑中有两大系统——结构系统、围合系统。结构系统是建筑的梁、柱结构；围合系统是指建筑内部空间的天、地、墙的六面体。而室内设计则建造了第三个系统——装饰系统，用穿衣服的手法将建筑的两大系统包裹起来。同时，后现代派的装饰系统要采用古典建筑的语言符号来装扮，必须具有某个时期或某个地域的文化的象征性或隐喻性。

(3) 设计手法：依从后现代派的精神领袖文丘里阐述的手法："一个片段，一种装饰，一个象征，也是采用非传统的方式组合传统部件"。此时，我们应该明白了为什么在前面谈到这些流派是"舶来品"是"国外生长，国内开花"的结论了。因为我国的后现代设计无论从理论依据、形态特征、设计手法均是受西方发达国家中的后现代主义的影响而形成的。虽然作品生长在中国，但其流派的"灵魂"是西方的(图4-6)。

图4-6　　南通有斐大酒店外立面

20世纪80年代，国门刚打开，最先流入中国的是现代主义。当时国际式、解构主义也的确在刚刚复兴的室内设计领域中热闹了一阵子(中国的室内设计复兴应从1981年开始计算)，但时间不长，只有短短的几年，影响并不太大。随着改革开放的发展，社会中市场经济的因素越来越浓，对设计作品的商业性提出了更多要求，以及人们多年来精神压抑，一旦国门打开，一种对异国情调的审美情趣爆发了。对发达国家了解的渴求异常高涨，在这样一种社会背景下，西方国家流行的后现代主义恰好迎合了国内的需求，如潮水般涌进国门。怎奈何中国的市场一如它的疆土一般博大，几年之后，气势汹汹的"后现代派"渐渐与中国的国情相融合了、平缓了，也生根了，产生了许许多多的作品。只是当时急功近利的人们，并没有对它有太多的原始记录和评论，以致许多好作品被淹没了。但应该公正地说一句，后现代派对中国室内设计的影响远远大于现代主义。

后现代派在我国室内设计中表现出两个支流："主题风格"和"本元风格"。

1. 主题风格

后现代中，主题风格是指酒店的室内设计中采用某个国家或地区或民族的文化特征做设计背景的一种设计方式。这种文化特征可能是典型的建筑符号、生活情景、特别的艺术形式等。设计时取其带特征的形象作为设计元素，用现代工业生产的新材料、新工艺来重构这些部件，用象征性、隐喻性表达设计师的思想构成一个"主题"。这是一个易于形成"差异性"，带有个性风格的设计方法。

主题风格的酒店设计相对于一般酒店而言，更具有针对性。通过平面流程的设置，三维空间的塑造，特定符号的使用，色彩、灯光、材质的组合，软装雕塑的布置来烘托出某种独特的文化氛围，表现出特定的主题，让顾客获得特别的、个性的空间艺术感受。后现代的主题风格则有一个设计元素来源的限制。它须是从西欧古典建筑中和西方的民俗生活中寻找灵感，让酒店的吃喝、住宿、娱乐的功能成为诗意的、浪漫的、情趣盎然的，客人在其中能够有一个西欧古典建筑艺术的梦幻般的享受过程。

主题风格中的"主题"不仅仅是形象符号上的不同寻常，特别要突出其主体文化内涵上的特征，强调与其他主体文化的差异，带有个性的文化特征，展示出某种主题文化。

主题风格的代表作品——深圳威尼斯皇冠假日大酒店(图4-7)，该酒店开业于2001年，是一家五星级酒店，5.8万平方米的建筑面积，385间客房，在室内外的装饰设计采用了"意大利威尼斯地域文化"做主题。近6万平方米中选用了五套符号系列：石材与马赛克；贡多拉船；飞狮；百叶窗和建筑拱门、柱式符号等。这五个系列的符号均采自意大利威尼斯水城的圣马可广场。这个项目是香港室内设计大师陈俊豪的作品。

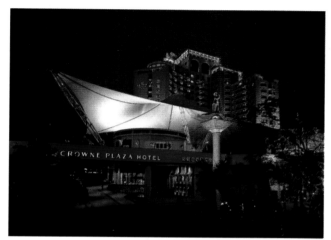

图4-7 深圳威尼斯皇冠假日大酒店

在圣马可广场的地面上全部是采用石材铺贴而成，特别是用石材切割成小方块拼贴成各种图案，很有特色。岁月的流逝在这些石头上刻下了斑斑痕迹。河流之中贡多拉船来回穿梭，金属的翘船头的形象本身就是一个优美的符号，岸边的意大利古建筑墙面上的木百叶窗揭示了这个地中海国家酷热的气候。飞狮、券拱廊都在这个不太大的广场的建筑之中格外醒目。把这些符号浓缩到一个不到六万平方米的建筑之中，其视觉冲击力可想而知，它的设计要素与斯特恩提出的后现代主义的三大特征——"采用装扮，具有象征性或隐喻性，与现有环境整合"是多么吻合。为突出"威尼斯"主题，就连在酒店大门口的门童、服务员的服装帽饰都取自18世纪的意大利。这种手法奠定了中国酒店装饰风格中"主题概念"的基础。

2. 本元风格

因为后现代起源于西欧，采用"欧式"古典建筑符号作为设计元素，用现代材料来复制传统构成形象(图4-8)。在符号上多采用西欧建筑的传统符号，这种手法也形成了一股设计流，即所谓"欧式风格"(在现在设计市场中，不少的业主对这类风格表现出较多的偏好，他们对西方国家的装修形式看其表象，而不管其历史文脉和环境，一味照搬搞

"拿来主义"，使设计师不得不去模仿。设计师虽不情愿，但这类异国情调的风格有需求市场，投标时容易取悦业主)。后现代主义手法在国际上流行至今差不多有半个世纪，在中国也有二十余年了，为何它有这么强的生命力，以现在的眼光来审视它，发现其对于环境(自然环境、社区环境)与建筑造型的吻合协调非常重视，主张浪漫、人性的设计主张。在富裕起来的中国大地上明显地张扬着一种异域风情，但并不是只要表现出欧式风格的作品就是后现代，其实主要还是要从设计师采用手法和设计元素的使用来判断(如摩洛哥风格、地中海风格等也比较适合用后现代的手法来表现)。在设计中选用西方古典建筑的符号可以暗喻其风格，但还有更重要的一点是要吸收波普艺术中的一些特征。波普艺术(POP Art)是20世纪在欧美发达国家中产生于较底层艺术市场的一种艺术形式。它的特征是商业性、流行性，具有装饰、夸张、变形，形式感强的个性，是一种典型的大众文化，它的出现模糊了高雅艺术与低俗艺术的分界线，直接借用于商业社会的文化符号，进而从中升华出艺术的主题。美国杜克大学詹姆逊教授认为："后现代文化的特征是彻底商品化，严肃文化与俗文化的界限消失，文化作品无深度模式，断裂传统而造成历史意识消失。"虽然有的学者对后现代文化持否定态度，但笔者觉得时代在变，世事在变，"高雅"与"低俗"的内涵也会变化，以传统文化的眼光看后现代艺术的高雅不足，并不等于作品没有深度。"高雅"与"低俗"的融合正是一种新的艺术形式产生的"源泉"与"动力"。这样类似的情形在世界各国均可找到例证，如西班牙的民间艺术佛朗明戈，中国的民间艺术杨柳青，都是从社会底层发展起来而后登上大雅之堂的艺术形式。

图4-8　广州丽兹卡尔顿酒店酒吧

认为后现代文化断裂传统而造成历史意识的消失，如果是用于论述后现代建筑，恐怕不太符合实际。后现代的建筑艺术恰恰是从传统的古典建筑中汲收养分，有很强烈的历史意识的。虽然它也从现代的波普艺术中吸收营养，但这是任何一种新艺术形态出现所常采用的方法——"混血儿"法，把两种以上的不同形态、领域的艺术融合到一起产生新的艺术形态。后现代派作为室内设计中的一种艺术形式，我们还应从市场经济的角度来考量，如果这样的产品有市场、有需求，人们喜闻乐见，多生产一些又有什么不好呢？即便是学者，对文化的研究也不能离开经济的土壤。没有经济基础，上层建筑何以构架，正可谓"皮之不存，毛将焉附"？

二、多元主义

多元主义的出现是一种或数种文化裂变的产物，它们无系须统、结构、统一性，而是呈现异质性、多元性、不确定性。由于这类设计手法较多较杂，很难用类似"后现代"、"高技派"等这样的方式来归纳，故采用"多元"来概括它，但"多元"亦有一个方向，即以东方文化作为设计创意的基本来源，离开了东方文化，就根本无从谈起"多元主义"。虽然在五六年前，设计市场上曾刮过一阵子"混搭"风，即将各种不同风格的元素或形象混在一个不太大的空间里。很多年轻的设计师以为这样可以形成一种新的设计风格；一些媒体或网络也鼓吹、冠名"混搭"。然而在市场上，却无人叫好，在很短的时间就自生自灭了。这种手法称不上"风格"，更谈不上"主要流派"。我们提倡鼓励创新，但反对割断历史文脉去搞一些"标新立异"的所谓"混搭"。所以，"混搭"没有被收编于"多元"之中。"多元主义"主要有如下4种表现手法。

1. 禅意风格

在设计中着意渲染一种佛教文化的意境气氛，创造出一种引人入禅的境界，追求一种空灵的佛境或文人士大夫的诗意，它多从禅宗冥想的精神中构思出来，把禅宗的"空灵"融入特定的环境空间之中，使佛教的文化理念得以形象地升华，来烘托一种寂静幽玄之美的空间环境的氛围(图4-9)。

图4-9 广州丽兹卡尔顿酒店中餐厅

"禅意"有三大特点："空灵"、"自然"、"玄妙"。

(1) "空灵"——佛语云：空即是色，色即是空。"空"是没有，是无，色是有，也就是说无就是有，有与无是相互依存，相互转换的。那么对于一个空间而言，空间被塑造形态后，空就成为了"有"。空间的形态要有流动。仅用一个现代建筑的六面体是难以创造出空灵来的。所以要求空间是灵活的、流动的，空间里呈现一种"无相"、"空相"，构成一种看似"有形"却又"无形"的空间载体，渲染出一种别具禅意味道的美学特征。在这个空间里或插上一枝梅，或置放一尊陶器，或摆设一片荷叶，禅心即显。用物质上的"少"去寻找感觉中的"多"，引入寂静的禅宗境界。

"空"是人生的最高境界，只有空的杯子才可以装水，空的房子才可以住人，空是一种度量和胸怀，空是有的可能和前提，空是有的最初因缘，佛经里有"一空万有"和"真空妙有"的禅理。

(2) "自然"，在室内设计中崇尚材料的天然之美，一草一木、一石一竹折射出朴素、内敛之气，它用材质的对比来烘托主题，在一段粗糙的灰色墙面上露出一支温润的绿色荷叶，在一片精巧的幼竹之前陈设一块朽老皱透的山石，情趣盎然，把人与自然的关系拉得很近。浓缩大自然的形象来装点居住的空间，超越物体的表象，凸显其物的精气是"禅意"的审美理念。它不以艳美炫人，而是力求吸取大自然的精髓展示其纯、简、平淡、含蓄、内敛之美，有一种超脱尘世的心灵境界。它大多从明、清遗留下来的私家园林中寻找灵感和文化脉络，追求出世、跳出红尘的一种境界，把人与自然的距离拉近，回归自然，让人置身于山水之中，感受到大自然的气息。

(3) "玄妙"把朴素、自然、孤傲、幽玄、脱俗、寂静的味道用非对称的美学特性表现出来，环境多为灰色调，色彩的倾向性不强，有一种脱离尘世的情景。要品位，不要张扬，避免机械地对称排列和平均布局，大量的留白、留空。它给人以想象的空间，与中国画论中的"计白当黑"、"密不透风、疏可跑马"的构图形式不谋而合，凸显孤傲的文人气息的同时，也弥漫出诗的意境。

2. 怀旧风格

在一些社会学家眼中，社会越是发达，人们越容易怀旧。因为人们总想调和现代生活与传统沉淀之间的关系，既能享受进步带来的成功，不至于被时代甩在身后，又能缅怀过去。

怀旧是在设计师的眼中对过去岁月的留念，以仿旧的手法来使新的建筑表达出一种沉重的历史感，怀旧风格的代表作品是上海"新天地"酒吧。"怀旧"有一种特定的历史阶段的限定，主要表现出现代人对20世纪前叶的殖民文化中的一种回忆，比如上海外滩欧式建筑群是当时的欧式风格融进中国文化中产生的一种混血文化（图4-10）。现代人对过去的殖民统治是很憎恨的，但却又对这个时期的殖民文化的外在表现

图4-10 上海老石库门典型符号

形式流露出一丝怀念。这类作品中的材料使用常用仿古瓷砖、酸洗面大理石，哪怕是悬挂的照片也是仿旧照片，用一种沉闷的环境气氛的创造，来勾引起人们思念过去时光的情绪。这类作品数量不多且多用于小空间。

"怀旧"的作品中最主要的是把握"形态"和"文态"。"形态"是物质层面的，是支撑物，是旧的建筑和街区，历史文化的遗痕，承载了历史的文化和精神。"文态"是作品的核心内涵，是非物质文化的呈现。用体系化的文化符号直观地呈现出历史文化的理念，继承和发展历史沉积下来的人文精神，使文化精神生生不息。例如成都市的宽窄巷子，幽静的院落，古朴的街巷铺面，以及由这承载记录保存下来的历史文化气息。在成都洲际酒店的大堂，这些带有蜀都文化传统的建筑符号正是对成都地域文化的一次传承和宣讲。

"怀旧"在西方文化中曾与抑郁、乡愁等联系在一起，可理解为一种思念情怀的自我治愈。怀旧可以提高情绪，让人更有自信。东方的"怀土"和"怀古"也大致和乡愁、过去有关，只是更有几分对失去的感慨。消费时代的"怀旧"，却加载了各种奢望，或是借穿越来逃避现实的压力，或抱着回忆止步不前。而将怀旧照进现实，发掘过往的精神价值，能朝花夕拾将"旧"化做"新"的怀恋，可以成为一种超越——不仅是对逝水年华的追忆，是对消失岁月的叹息，更可以是积极的动力，拒绝逃避，好好生活在当下。

"怀旧"中的"旧"与现在的时代并不一定太远。"怀旧"不是"怀古"。分析当代中国室内设计作品，这类作品所怀之"旧"，差不多有一个特定的历史时期，即上个世纪三十年代的旧上海、旧武昌、旧北平，或某地区的特定的建筑文化符号等。作品用了许多那个特定年代的物品来揭示那个时代的特征，空间弥漫着一种灰暗的、不明朗的、暧昧的，甚至是欲拒还迎的色彩关系。它勾起了受众的回忆，品味着逝去年代的遗痕。

3. 新东方风格

这是我们设计师近年来采用的普遍的设计手法。当我们经过了从模仿、跟风国外传统和现代的设计元素之后，回过头来发现自己老祖宗的东西才是最宝贵的、是丰富的，所以开始从中国传统文化中寻找符号和元素，采用现代构成的手法来组合，通常我们称之为"用外国的瓶子装中国的酒"。这种东方文化的裂变手法产生了一种新的视觉冲击（图4-11）。完全照搬中国传统文化的形象是不可能产生"新"的视觉冲击的，一定要产生裂变，而这种裂变是从东方文化的土壤中生长出来的，更多的是构成形式上的变化，其文化基因还是传统的。如图4-12所示的中国椅的形状已产生了分裂，产生了中国传统文化难以容忍的裂变。可是又有谁说它不是"中国椅"呢？只有在具有旺盛生命力的文化基因中裂变才能产生强有力的视觉效果。"新而中"成为了创意的一种方向。当然这种手法的出现依存于两个原因。

（1）必须"新而中"，不能"老而中"。这是因为现代审美观念的演变造成的。现代人的生活节奏大大加快，没有可能也没有办法放慢节奏去细细品味十分地道古典的中国元素和符号。现代人们的审美习惯也跟传统的审美习惯发生了改变，所以"中"要加进新的内涵，必须"新而中"，若过于"老而中"，则容易缺乏时代感。

（2）装饰工程施工的工厂化生产的趋势无法大批量地生产太过于繁复的装饰构件，这也是保留传统文化中的精髓，去繁就简的原因之一。

审美观念的改变再加上生产技术的限制决定了"新东方"的存在。

图4-11　上海佘山索菲特大酒店　　　　　　图4-12　中国椅

4. 集约奢华风格

　　信息社会的到来，世界空间的距离骤然拉近。信息交流越来越频繁，各种类型文化的融合也越来越快捷。当不同文化元素融合交流之后必然生产一种新的文化形态。"集约奢华"就是由各种不同类型文化中的元素有机地、恰到好处地融合在一起而产生的一种新的设计风格(图4-13)。

图4-13　深圳欢乐海岸蓝汐精品酒店

前面我们谈到当国门打开后，西方和东方邻国的设计流派与风格传入我国之后，与中国文化产生了碰撞与交流。对于我们原有的生存环境、生活方式、意识形态、审美观念都起到了较深刻的影响。这个影响不仅是对设计师产生了影响，更重要的是对中国大众的审美观、价值观产生了深刻的影响。而这些人群对多元主义文化融合的要求又必定影响到设计师的作品风格。在多元主义的四种风格中，简单地可分为经典风格和非经典风格。而且这两种都日益商业化。经典风格围绕明确的模式建立自己的体系，则带有较多文化传承的责任和能力，甚至具有一种审美的指导意义。而非经典风格则是围绕市场来建立自己的体系和特征的。"集约奢华"就是其中一种。

"集约奢华"的风格在当今中国的室内设计市场中的数量巨大，对该风格的作品，可以从三个层面来解读。

第一层含义：设计元素的组合是多种文化源的集约，往往在一种主体文化中渗入"异源文化"或"同源异域文化"。所谓"异源文化"是指不同的源流的文化，它们的内涵有着质的区别。"同源异域文化"是指在同一个源流的文化体系中不同地区的文化，其内涵则是基本一致的，但有风格的区别。例如，中国古典建筑与西方古典建筑是属于"异源文化"，而中国古建筑与日式建筑，甚至泰式建筑，则是属于"同源异域文化"，同属东方文化的范畴。那么，在设计中，在中国古建筑元素中掺进西方古典建筑元素，或者掺进日本和式建筑元素，就产生了一种新的建筑符号，这个符号往往是"杂交品种"，异源文化之间的交融演变出新的形式，带有多种母体文化的基因。我们要想创造出一个新的形式，最方便的方法就是将两种距离很远的文化基因掺和起来。

第二层含义：这种风格具有很强的包容性、时尚性，没有一个固定的模式。它的元素中带着极不安分的基因——创新。要能够流行起来成为一个时尚的领跑者，就要让自身处在一个"亢奋"的状态，要变化，不停地往其中注入新的元素，包容性很强。在具体的作品中，它不像"后现代"那么繁杂，不像"新东方"那么内敛，也不像"高技派"那么快捷。但却什么都包含了一些，或者什么都不是，仅仅留下了设计者对这个时代的一种感悟，是对这个时代的留影。这种包容度使设计师有太大的想象空间，也容纳了设计委托人的审美情趣。我们说"后现代"就是"古典"或"经典"，"高技派"就是"现代"和"科技"，而"集约奢华"则是"时尚"和"流行"。即便是把"集约奢华"划归为通俗文化领域内的一个分支也不过分。流行风格有两个重要的特征——娱乐大众和商业气息。它把严肃性隐蔽在娱乐之中，把吸引消费的目的包裹上一层华丽的外衣。所以，对这种风格的作品，无论多么吸引人的眼球，无论多么光鲜亮丽，它的第一要务就是促进当前的消费。它并不承担文化传承的责任，也不考虑将来，只重当前。因为该风格作品的存续时间一般不会长于十年。当流行起来之后，就像春天的花朵，一过季节就枯萎了，然后再以另一种新面貌问世。当然，由于这种风格的作品，其商业性过强，其中也可能会因业主的更替，掌舵人审美观的改变而重新装修改换门庭，导致周期短，变化快。

第三层含义：工厂化的生产方式使它能够以较低的生产成本和较大数量进入消费市场。"集约奢华"能够流行起来，而且寿命并不太长，所以对生产成本的控制是有一定要求的。工厂化的批量生产正好适应了这个要求，那么作品的设计要能适合工厂生产，太烦琐、复杂就难以流行起来。针对设计作品而言，"集约奢华"不受到西方古典风格

(如后现代) 的约束，也不受到东方元素(如新东方)的影响。它给出了一个较大的空间让设计师去想象、去创造，有很大的包容度。它可以囊括许多个人的想法(设计师或委托人)，但这个包容度也有一个"度"，就是要能够批量地工厂化生产，使得生产成本降低，大众能够承受得起的消费价位，故而流行起来。

"集约奢华"的特殊体制——矛盾的统一体。

世界博大、文化精深。东西方不同的社会演变，造成了世界文化的多元化。这已是千百年来存在的社会现实，并不因我们主观愿望而改变。作为设计师必须学习它，研究它，寻找它存在的道理，研究它发展的轨迹，以及不同文化存在相互的矛盾。在现代许多人的思维中，相对于西方文化的"科学"与"现代"而言，东方文化则是"传统"与"原始"。要表现东方文化就要挖掘其"土气"或者"原生态"，表现西方文化就要体现"时尚"与"潮流"。这种认识存在一些差异，因为它是从文化的等级去寻找文化差异的。以致于不少人认为西方文化的方向就是历史的方向。其实不然，文化有差异但没有等级之分，也没有"先进"与"落后"之分。当我们深入研究东、西方文化之后会发现其内在的"同"与"异"。在作品中表现东方文化时多以"内敛"的手法，表现西方文化时多以"张扬"的处理。"内敛"与"张扬"就是矛盾。正因为有了"张扬"，才会有"内敛"，矛盾是对立统一的。在"集约奢华"之中正是要把东、西方文化的血液交融在一起，构成混合的统一体。虽然很难，而且也没有必要去区分"多元"风格中的某个元素符号到底出自何处，到底是西方的还是东方的，是传统的还是现代的，但却又似曾相识。只是找不到这些符号的出处，因为"集约"是个混血儿。

在"集约奢华"风格中还存在着通俗流行和奢华高雅的矛盾。一方面，它要取得大众的认可，能够流行；另一方面又要能够提供给精英人群高品位的享受。这是个矛盾的组合体。正因为这是一个矛盾体，使它无法安分下来，所以促成了它不停地变幻面貌，不停地更新内涵，不停地去满足某些特定人群或普罗大众的消费需求。它的自我更新的速度是很快的，于是，潮流、时尚就产生了。它用变幻的速度挑战审美疲劳，当旧的审美感还没有消失，新的审美意识又被它以新面貌而挑起。

"奢华"——它的符号形象或形式既有时尚元素，又有高贵的传统元素。传统元素主要表现在符号大都取自皇家宫廷的建筑符号系列之中，相对而言从民间艺术中吸收的较少。所以这些符号蕴含着"高贵"的气质特征。而这一点正是奢华风格所必须具备的。"奢华"的时尚元素主要表现在构成形式上，它打破了传统的构成形式，用新的、时尚的、流行的方法去集合这些符号。在表现形式上去创造与传统方法完全不同的形式。

为什么会有众多的委托人来要求或追求这种风格？按现在的消费观和社会观来看，奢华是一种生活品位、格调的象征，是一种生活态度。"奢华"的生活方式源于积极的处世态度，通过自己的努力，取得辉煌成就的同时，也对社会起到推进作用，其追求个人生活的品质的提高是理所当然的。这种追求奢华的做法使更多人知道个人奋斗的重要性，从而促进了社会的良性循环。从市场经济的立场来看，是一部分人的消费需求衍生出来的，所谓上流社会的生活态度和观念。

从笔者及其团队二十多年接触的设计委托人来分析，这部分人都是现代社会的精英，他们以这样的风格——在现代时尚的元素中掺进了古典优雅高贵的精华，用这种

"集约"的风格和相对专属的方式诠释奢华，从理性和睿智的态度演绎现代精英群体讲究高贵品质且典雅悠闲的生活态度。这种生活引领公众体验奢华之经典，乐享精英生活之风尚，实现了精英生活的真正回归和体现，重新赋予了精英生活的现代意义。

图4-14　长春益田喜来登酒店大堂吧

　　"集约奢华"的风格是用于建筑面积不太大的空间，在我们的设计实践中经常将它作用于五星级酒店的会所之中(图4-14)。因为中国的新贵们喜欢自己的圈子，喜欢在聚集在一起畅谈自己诗意的梦想，于是"会所"文化开始流行。

　　"会所"的由来，可以上溯到17世纪的欧洲，那时候贵族沙龙的形式风靡整个欧洲上流社会，人们在沙龙里谈论文学、讨论国事、沟通社交。随着时代的发展，会所渐渐成为社交商务活动、休闲联谊康体的场所(图4-15)，成为了一个专属精英阶层沟通和交流的平台。近十年来，小型私人会所开始流行，私人会所多采用会员制，为社会精英们提供一种私密性较强的聚会空间。在这里会员制的身份演变成财富的象征和身份的标签。精英们的休闲娱乐、商务聚会、艺术交流、健身美容、品评红酒等功能自然催生了集约奢华的装饰风格，使之大肆流行起来。

图4-15　健身会所

从上面的表述中，我们也可以看出为什么"集约奢华"的风格大多出现在五星级酒店的室内设计中了。五星级酒店的功能要求本来就是创造出一种时尚，要引领出一种奢华的空间环境。在此要特别提出，我们在设计"集约奢华"风格作品时，在注入"奢华"元素之时，要特别注重品位。"奢华"与"炫富"、"奢侈"的最大区别在于"品位"。设计的品位是指对生活有独到的鉴赏力。"品位"是作品要表现出高雅的格调，不甘平庸(图4-16至图4-19)。

图4-16	图4-17
图4-18	图4-19

图4-16　上海洲际大酒店大堂(新东方)

图4-17　酒店公共洗手间(禅意)

图4-18　深圳大中华喜来登酒店的酒吧(怀旧)

图4-19　深圳益田威斯汀酒店知味餐厅(集约奢华)

三、高技派

1．中国高技派的形成过程

如果我们一定要去追溯"高技派"产生来源的话，是否可以这样来认识：在20世纪70年代，美国等一些发达国家要建造超高层的大楼，混凝土结构已无法达到其要求，他们必须要有一个技术上的突破，必须在建筑的结构系统上进行创新，于是开始使用钢结构，为减轻建筑荷载，在建筑外维护面上大量采用玻璃和铝板，于是一种新的建筑形式产生了。到20世纪70年代，这些发达国家的工业生产技术水平已达到相当的高度，他们在寻找建筑构筑的手段时，眼光投向了建筑之外的领域，把航天技术、机械工业上的一些材料和技术掺和在建筑技术之中，绑扎钢筋再加上混凝土进行浇灌的传统建造结构框架的手法被用铆接焊接槽钢，工字钢的结构建造方式所替代。用金属结构、铝材、玻璃等技术结合起来构筑成了一种新的建筑的结构元素和视觉元素，逐渐形成一种成熟的建筑设计语言，因其技术含量高而被称为"高技派"。所以"高技派"是建筑技术、航天技术、机械工业的"混血儿"，是边缘学科的产物，是"杂交优生"。在20世纪80年代末"高技派"传到中国，先是在建筑外立面幕墙上使用，到20世纪90年代中期引入公共建筑的内部空间，逐渐变成一股时尚的设计潮流，玻璃、金属结构改变了传统的建筑室内设计的视觉语言，改变了以往持续了近百年的混凝土结构体系的建筑造型，从而使建筑内部空间的"体积、体量"的视觉感转向了一种轻巧、非物质化的视觉效果(图4-20)。它从1995年开始"试行"于中国室内设计之中，至今已有十多年，我们把它的演变过程分成三个阶段，如图4-21所示。

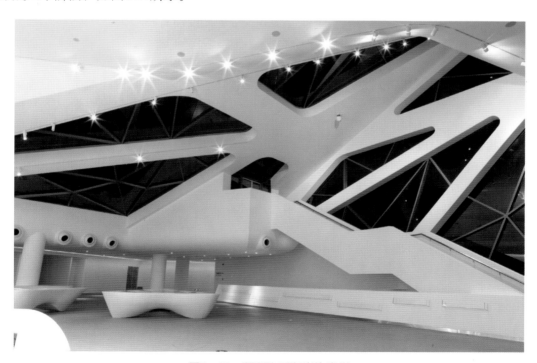

图4-20 深圳欢乐海岸信息塔

第一阶段	第二阶段	第三阶段
● 材料替换	● 附生体系 ● 同构体系	● 标准化 ● 构件化 ● 工厂化

图4-21 中国室内设计的演变过程示意图

图4-22 深圳万象城六层

第一个阶段：明显是将铝板、玻璃这种材料作为一种饰面材料来代替以往的夹板、石膏板等。由于还不知道如何来利用它的个性，如铝板多用复合铝板，少用铝单板，只是在原来的"装饰体系"上与传统材料混合一起使用，手法上只是材料替换，尚未达到强调表现材料个性特征的境地。

第二个阶段：通过实践和观摩国外的同类作品，已经认识到运用"高技派"手法的两个特点——一是强调材料特征，用对比、类推、共生、重复、秩序等方式来构成空间；二是强调运用结构体系。"形式上的完整一定要有构造上的逻辑作为支撑"，装修设计的工作是在建筑设计基础之上来进行的。而建筑设计有自身的一套完整的结构体系。室内装饰设计中的"高技派"装饰构造系统分两个体块，其一：利用结构本身来体现美的视觉感受，它的构件是结构构件，同时也是装修构件，将结构的力学原则与视觉的美学原则共生统一，我们称为"同构体系"。其二：室内设计独立构成一套装饰体系，其构件不能起结构作用只作为装修构件的需要而存在，并依附于原建筑结构的体系之上，我们称之为"附生体系"。

第三个阶段：这个阶段使我们对"高技派"有了进一步的认识，对设计符号符合施工，符合构件加工的要求有了较深的认知，"三化"是高技派设计的特点。"高技派"是推动装饰行业工业化的进程一个非常好的方式。它的总成装配式的施工方法取代了传统的半机械、半手工的现场制作加工的方式。

它的产品要在工厂中批量生产——"工厂化"；既然成品与半成品是在工厂生产，甚至在工厂装配成一个总成或若干个构件运到现场再来组装，这就要求设计要使用单元化构件——"构件化"，为使设计、加工的方便，施工时需要采用大量的标准件，因此又提出了一个"标准化"。"三化"——工厂化、构件化、标准化正是大工业生产的必需条件和基础。目前装修行业还是半机械、半手工，要向前发展，必须走"三化"之路。"三化"生产之后，设计的个性如何来体现呢？经过实践，笔者认为"高技派"手法同样能表达设计师的个性，其作品不会是国际式、现代主义的老路。这是由构成高技派的"三个基础"所决定的。

2. "高技派"的物质基础

与"后现代"、"多元主义"相比，"高技派"的主要材料比较明确，我们知道建筑中有"三大材"，即钢筋、水泥、木材。"高技派"中也有"三大材"，即金属材料、玻璃、石材。

1) 金属材料

金属材料以铝材、钢材、不锈钢材为主，此类材料具备很强塑造形体的能力，同时还能作结构受力杆件。它的可塑、抗压、抗剪性的特征使得其在"同构"、"附生"体系中大量使用。

铝材有铝通、铝单板，目前很少用复合板了，其表面涂饰有氟碳喷涂，静电粉末喷涂，锔漆和本色四大工艺。一般说来室外或气温、光照变化较大的部位多用来氟碳喷涂，反之多用静电粉末喷涂和锔漆涂饰，其涂饰的色彩较为丰富，能满足设计需要。

不锈钢有钢通、板材和钢板网之分，有较好的导热性能，既有强烈的时尚视感效果，又容易做成受力构件。其表面处理常用的有镜面、拉丝面、砂面、腐蚀面工艺，特别是在镜面不锈钢上加局部药水砂，其视觉效果很特别，同一构件表面材质上呈现两种不同视感很美妙，能起到很好的装饰效果。不锈钢材料群中有一个新产品——不锈钢网，这是一种特殊的金属材料，用各种粗细的钢丝采用不同的编织方式构成，它呈现一种与众不同的肌理效果，设计师若能熟练而巧妙地运用它，能够为设计增添许多时尚现代感。不锈钢的系列按其成分可分为硬化系(600系列)，Cr系(400系列)，Cr-mn系(300系列)，Cr-mn-ni系(200系列)。

在装饰工程中常用的有204#、301#、304#、316#等不锈钢材，不锈钢又因其表面的反光度不同而分成镜面不锈钢、哑面不锈钢、发纹面不锈钢，腐蚀面不锈钢和彩色不锈钢等。

为了丰富装饰效果，近年来又流行了一种贴膜技术，在PVC薄膜上印饰仿木纹、仿金银、仿布纹等纹样，再粘贴在金属板、柱上构成别具一格的效果(图4-23)。

2) 玻璃

玻璃本身是一种实体物质，但由于其产品的透明性质，而产生一种"虚体"的视觉感或反射性质，设计中应充分运用这种材质特征。

图4-23 深圳欢乐海岸创展中心

只要在"百度"上查一下，我们就可以知道"玻璃"的性质，它是矿物质二氧化硅的高温熔融时形成四方连续的网络结构，冷却过程中黏度逐渐增大并硬化而不结晶的硅酸盐类的透明物质，表面硬度达到摩氏6.5。

我们在装饰工程中多用三种类型的玻璃——普通平板玻璃、特种平板玻璃、热熔玻璃。

平板玻璃多使用"浮法玻璃"，其厚度的规格从3~19cm都有，根据不同用途，不同部位使用不同厚度的玻璃。

特种玻璃：安全玻璃包括钢化玻璃、夹胶玻璃、中空玻璃和防弹玻璃，用于建筑内有安全要求的部位。半遮光玻璃包括磨砂玻璃、压花玻璃、喷砂玻璃、药水砂玻璃和玉砂玻璃，这些特种玻璃主要对玻璃表面进行工艺处理，减少透光度来实现其特殊性的要求。装饰玻璃包括夹绢玻璃、喷绘玻璃和烤漆玻璃，是指对玻璃表面进行艺术处理，来达到装饰效果。

热熔玻璃：使用玻璃的热熔性，做成热弯玻璃或各种艺术形象和效果的艺术玻璃。

镜面玻璃：这是在设计中使用最广泛的一种特殊的镜像反射的玻璃。根据基材的不同可分为银镜和铝镜，银镜的质量与寿命均比铝镜要好。

3) 石材

"高技派"的主要材料之一是石材。常用的石材分成两类：天然石材和人造石。天然石材的矿源来自地壳，它是纯生态的物质，我们说要建造生态建筑，就地取用可循环再生的材料是主要方法，而天然石材是最常用的材料之一(图4-24)。天然石材中又分成花岗石和大理石。

(1) 花岗石。花岗石是一种由火山爆发后的熔岩受到相当的压力下的熔融状态下隆起至地壳表层，岩浆不喷出地面，而在地底下慢慢冷却凝固后形成的构造岩。它是一种深成酸性火成岩，属于岩浆岩，其中有三种主要成分：长石(约40%～60%)，石英(约20%～40%)，云母(约10%～20%)。岩质结构紧密，坚硬密实，耐酸碱，耐气候性强。由于其密实度高，约为$2.9g/cm^3$，打磨后表面光泽较好。

图4-24 广州富力君悦酒店

(2) 大理石。大理石是沉积岩中的碳酸盐岩经高温高压等外界因素影响变质而成，其成分主要有碳酸钙，约占50%以上，还有碳酸镁、氯化钙、氯化锰及二氧化硅等。大理石物理性能稳定，温差膨胀系数小，能够保证长期不变形。石质结构颗粒细腻均匀，其结晶颗粒度的粗细千变万化，颜色众多，装饰效果好，与花岗石相比较，质地较软，属于中硬度石材，适宜机械加工可作多种雕刻造型。

大理石属变质岩，由于其形成过程复杂多样，物种繁多，不同类型的大理石的材质性能差别较大，如摩氏硬度从2.5~5，整整相差一倍。所以如何选择大理石有五大指标需要参考：摩氏硬度不低于2.5；密实度＞2.6g/cm³；吸水率＜0.75%；干燥压缩强度＞250MPa；弯曲强度＞7.0MPa。

由于其表面耐磨性不及花岗石，所以在大人流的空间中，不建议地面上大面积使用。同样也由于其表面的耐气候性和酸碱性不及花岗岩，在建筑室外也不建议大量使用。

(3) 人造石。人造石是天然石材研细了或粉状或粒状作为填充料，加水泥、石膏和不饱和聚酯树脂为黏合剂，经搅拌均匀后施压形成，再经切割、研磨和抛光；它可以仿制成大理石、花岗石的颜色、花纹，其物理性能的膨胀系数、耐磨性、抗压强度虽不及天然石材，但由于其与天然石材相比体量轻、装饰效果不错而受到了广泛使用，更重要的是使用人造石材节约了自然矿源。在欧美发达国家人造石被广泛提倡使用。

对石材的性能做了介绍后，必须要谈到一个天然石材的放射性污染问题。由于石材中所含的放射性是不均匀的，即便是同一岩体不同岩相带的放射性核素的含量也会不大相同，所以无法核定哪种石材的放射性超标，哪种石材不超标，必须在使用前进行检测。在国标《天然石材产品放射性防护控制标准》中将石材的放射比合度分成三类：A类——使用范围不限；B类——可用于除居室内饰面之外的建筑物之中。C类——只可用于建筑的外饰面。但各位设计师有义务也有责任要向业主讲清楚，石材的放射性污染并不可怕。自然物质中放射性核素衰变要在上兆伏的能量作用下才能进行，而我们日常用电的高压也不过380伏，只要不去有意用化学方法分解自然物质，它对人体是无害的。你们可以去大理石矿源的山中考察，那里的自然动植物生命包括人类的生命是多么正常地生长和生活。石材中放射出来微量氡气作为一种原始能量与地球上的氧气协同作用于人体肺部活动吐故纳新，与光协同作用于植物，起光合作用，产生人类生存所需的氧气，达到生态平衡。天然石材是地壳的主要成分，是衍生生命的原生物质，人类发源及赖以生存的基础，石材释放出来的氡气是电离物质分子，形成细胞，出产生命的原生能量，天然材料中的放射性核素对生命最主要的贡献是提供最原始的动能。所以没有必要对自己生活空间中有微量的氡气或放射性核素而大惊小怪，我们每天使用的手机、电视机、电冰箱就产生不少辐射，但我们也不会因此而不使用它们。

3. "高技派"的技术基础

"高技派"就是要跳出半机械、半手工的传统制作方式，把工厂化的大生产的特性凸显在人们眼前，能否适应工厂化流水生产作业是建筑装饰产业效率能否提高的一个关键环节。很多人总是片面地强调建筑内部空间的个性化，而没有把工作重点放在如何提高生产效率上，如果我们不打破传统装饰业半机械、半手工的状况，装饰产业的发展就是一句空话。马车追火车的时代已经过去，不管人们情愿不情愿，时代的车轮总是要向前走的，对装饰行业工厂化生产而言，"高技派"无疑是一个非常有魅力的设计风格之一(图4-25)。把构件的制作与安装分离，构件在工厂采用机械加工，做半成品或成品，甚至是总成，整个生产加工过程批量化进行，而后运到现场进行装配。可以这样说，这种施工组织方式相对传统的施工组织方式而言是一次"革命"。也只有进行工厂化生产，部品、构件和总成，其"高技派"的风格才能得以体现，以半机械、半手工是打造不出"高技派"的。对材料的加工是现代工业技术美学的技术基础。"高技术派"在技术上的表现，很大程度上依靠对材料的运用和加工，技术加工的劳动是唤醒材料自身处于休眠状态下的自然之美。

传统的装修施工有三大主要工种：木工、油漆、泥工。"高技派"的施工也有三大主要工种：钣金工、玻璃工、石材工。新三大专业与老三大专业在操作技术、施工流程、检验标准、验收方法均是不相同的。比如：建筑施工的误差是以厘米(cm)为单位。传统的装修施工误差以毫米为单位。"高技派"施工的误差则是"丝"为单位，因为在许多部位上套用了机械行业标准。同时，对施工工人的素质要求，新三大专业要求更高一些。如钣金工、电焊工、玻璃工均可以套用机械行业的技术级别标准，让施工工人成为真正意义上的产业工人，而不是"半工半农"的工人。

图4-25　深圳华侨城威尼斯大酒店夜总会

在施工组织上也要更新，传统装修是以施工现场为中心展开的。"高技派"施工则是工厂和现场相结合的方式来展开施工组织的，其程序如图4-26所示。

现场尺寸测量　→　工厂构件制作　→　现场施工安装

图4-26　"高技派"的施工流程

传统的装修施工大多是用手动电气工具、手动电锯、电刨、冲击钻、电动批等。"高技派"则需要增加新型的数控机床、数控折板机、数控冲压机、数控仿型机、自动化生产线等主要生产设备。专业工种、加工设备的改变，使得操作规范、检验标准都产生了质的飞跃，许多标准向机械行业靠拢，甚至直接套用其标准。

"高技派"的出现标明了我国工业文明的水平上了一个台阶——由半手工半机械生产进入了工厂化生产阶段。这是一个很大的进步。

4. 高技派的美学基础

"高技派"用"同构、附生"的结构体系来演绎、表现。功能的传达具有科学性，同时也具有理性的特征，不能简单地用无缘无故的美学形式感来解释。功能的意义不是通过形式来预先设定的，是通过结构、构造来自然而然地完成它，把功能与构造紧紧地联系在一起，这也是一种文化的演绎。没有怀旧、没有思忧、没有乡情愁绪，并不等于没有文化。现代感本身就是一种时尚文化。"形式上的完整一定要有构造上的逻辑作为支撑"，这是"高技派"的美学理论观点之一。

工业文明中的技术美学最初是指在机器的运动、机械的动作过程中，产生的强烈的节奏感、速度感，形成的一种理性的美感。它是通常说的第一代机器美学。随着工业生产技术水平的高速发展，理性美感发展成为重逻辑、重节奏的韵律美感。技术的进步性、材料的先进性、功能的合理性成为新技术美学的内涵。这可以说是第二代机器美学。"高技派"用"技术美学"作为这种流派美学基础，大胆质疑古典主义、现代主义、后现代主义的建筑设计理论，它吸收了"解构主义"中"反理性"的理论的合理内核，解构主义"反理性"理论发现以往任何建筑理论建立起来的秩序都有某种脱离时代要求的局限性，不能满足时代发展、变化的要求，解构主义的这种"反理性"不应简单地理解为对理性的否定，它否定的是理性教条的局限性。高技派吸收了它突出"结构"的思想，但反对它"反理性"的"解构"，而强调逻辑。高技派强化结构的表现，以达到视觉美感和结构形式的高度统一和丰富，与解构主义反理性相反，高技派重逻辑，把建筑内部空间当做机械产品来表现，表现出第二代机器美学特征或者说技术美学特征。

高技派关注技术，但并不以反艺术的面目出现，强调技术、艺术相结合，用多样化的概念来激发人们的思维领域，使结构和技术本身成为一种高雅的"高级艺术"（图4-27至图4-31）。它坚持一种理念——"美可以产生于工艺技术的完美之中"，这也是其美学理论观点之二。

图4-27　北京中青旅大厦

图4-28　沈阳华润万象城中庭

图4-29　佛山恒安瑞士酒店游泳池

图4-30　杭州华润万象城中庭

图4-31　广州富力君悦酒店大堂

第二节　"三大流派"的区别

　　三大流派有一个共同的特征，就是对历史的传承。"后现代"与"多元主义"对东西方农业社会时代所形成的审美观念有保留地继承；"高技派"对西方工业社会的现代主义审美观念有所继承。但它们同时也融合了当今这个数码信息时代的审美特征，比如速度、效率。"高技派"本身就是呈现出第二代工业技术美学的美学观，如简练、效率的元素就包括其中。那么"后现代"与"多元主义"在继承农业社会中的文化传统时是经过了过滤和筛选，将剩下来适合于数码信息时代的大众能够接受的元素符号保留了下来。所以，这两大流派不是在复古，更不是在制造假古董。这是我们以设计师的角度来研究三大主要流派所必须要非常明晰的一个设计意念。

　　"三大流派"的区别首先是其文化内涵的区别，也可以说是东西方文化内涵的区别。其本质区别主要表现在"天人关系"的探研上。

　　西方文化在"天人关系"上它们的主张是人与自然分离，主观世界与客观世界的对立，强调"征服自然"，"主客二分"的思维方式。西方哲学基本上是照这个路子走下来的。在"天人关系"上人居于主导地位，人认识自然的方式是通过人的理性思维来进行的，过分强调人的主体性。萨特的存在主义认定："在人的世界，人的主体性世界之外并无其他世界。"把人之外的东西当做人认识的对象——客体。没有将人类自身看成是自然界的一个组成部分。美国有一位哲学家詹姆斯甚至说："对这样一个妓女(指大自然) 我们无须忠诚，我们与作为整体的她之间不可能建立一种融洽的道德关系，我们与她的某些部分打交道完全是自由的，可以服从，也可以毁灭她。"在这样一种"天人关系"的指导下，导致了人类对自然界的过度开发，造成了当前严重的生态危机。

中国文化的"天人关系"则主张人与自然的调和、协和、和谐，人是自然的一部分，庄子说："有人，天也，有天，亦天也"。老子提出"人法地，地法天，天法道，道法自然"。人类虽被称为万物之灵，但不是万物的主宰不能脱离自然而存，应当与自然和谐共处；儒家认为通过内省，本心达到与天的沟通，天理与心性合一。具体体现在人对自然的无奈。

这两种不同的世界观，是造成东西方文化不同的根源，本书无意对"天人合一"或"天人二分"提出评论，只是想找出东西方在设计流派中的哲学观念上的区别，谁是谁非，各人有自己的判断。现在全世界的哲学界、设计界乃至整个社会都已经明白了一个道理，人不能与自然对立，而要"天人合一"。但中国传统文化中"天人合一"的哲学观只是停留在思维模式之中，也并没有找到人类进化和社会进步的动力，更无法进行实质上的如何来"合一"的实际操作，故造成了中国的科学发展在近百年来落后于西方列强的现状。西方文化的"天人二分"造成了目前社会的自然资源的过度开采和人类面临的各种生态危机，他们也意识到了要追求"人与自然"的和谐共处。"节能降耗，低碳生活"是世界各国都在实施的改善人与自然关系的措施。所以我们不赞成高举"天人合一"的旗帜，呆在原地循规蹈矩的任凭自然界对人类的惩罚。人类社会需要发展，需要进步，需要向自然界索取人类社会自己发展所需的各种资源。但也不是不顾自然规律地去"征服自然"，造成自然资源的枯竭，破坏子孙后代赖以生存的自然环境。

我们再将话说回到设计之中，现在我们谈到的设计流派的区别，除了上述的话题之外，更多的是在设计的处理手法上的区别。在设计手法上，后现代与多元主义的区别有很大一部分表现在"空间的序列"和"空间的围合"上。

后现代的空间序列有较强的秩序，空间界面的内外关系非常清晰，大多是各种各样的实体性界面来围合，每个空间的形态相对固定。例如，从A空间通过一樘门进入B空间，这种空间的序列和围合很清楚。而多元主义的空间序列，常常采用灰空间来过渡，并不十分强调空间的序列性，而采用一种自然的过渡，让人在不知不觉中过渡到不同的空间。空间的围合关系在许多时候采用虚空间的方式来塑造空间形态，常常用各种方法把室外的自然空间引入室内来，将A空间引入B空间，有意模糊空间的界面，来造成空间的自然流动性。正如老子所说："有之为利，无之为用"。其实这里谈的是空间虚实转换。"空间"是一个六面体，这是实体空间。但若只有顶面或者地面也可以构成一个心理空间——"虚空间"，巧妙地把握空间的虚实转换就可造成空间的流动感。这也就是道家哲学中的"有"与"无"的转换。

后现代和多元主义的区别还在于对各自文化体系历史脉络的传承，具体表现在对传统元素的撷取。"后现代"是从西方古典建筑中挑选符号，故隐喻的是西方文化情境。即便有的文化符号不是来自于古典建筑，也一定是来自于西方人生活的环境。所选的境像也是表现西方建筑室内环境。"多元主义"则是从东方古典建筑中挑选符号。从东方人的生活环境撷取元素，演绎出一种东方文化和东方哲学的情景，创造出一种东方神韵的意境。当然多元文化的融合，会表现出一种"混血儿"的特征。

我们无法仅从设计手法上的相同之处而混淆了这两者之间的区别。其内涵有着"质"的区分，正如同一道用牛肉做的菜，中餐和西餐的做法却有截然不同的味道一样。

高技派选用的元素继承了现代主义，解构主义的合理内核。虽然现代主义是站在人本主义的立场上以理性的眼光来观察、认知和探究世界，但它代表了工业文明时代借助现代科学手段探索宇宙及其奥秘的新成果，在建筑室内设计中，高技派反映出来的现代艺术性与现代工业文明互为因果、相辅相成。现代艺术与现代工业都是人创造出来并为人服务的，需要我们用科学的眼光去认知，以科学的态度去对待。

设计元素决定了设计作品的风格，这已经是一个毋庸置疑的事实了。

其实这三种流派在中国的室内装饰作品互相融合，相辅相成，很难一一分得清楚哪个作品到底是哪种风格(图4-32、图4-33)。"混搭"也曾几何时成为了一种时尚。异质文化的交流在中国几千年的历史也从来没有停歇过，这种不同民族、不同地域的文化艺术交流融合也有一个好处，就是避免了文化近亲繁殖而导致的文化基因退化或畸形，其结果是优化了主体文化、差异互动、多样共存、互补共生的文化活动，给中国的室内设计增添了新的生命力。中国室内设计的繁荣将呈现于不久的将来。

图4-32　　深圳益田威斯汀大酒店宴会厅

图4-33　　赣州假日酒店大堂

第三节 作品风格的表意系统

虽然三大流派无法概括我国每年新开发建设的数百上千家各类型的酒店设计风格，但改革开放30年，室内设计专业持续发展二十多年来，这几种风格的作品的确占据了酒店室内设计中很大部分，甚至可以说是绝大部分(图4-34)。那么其他部分的作品又是怎样的风格呢？目前也尚无明确的论述。但是不管是什么样的风格，它们和这三大流派在创意的表达方式上却也有着共同的规律。

图4-34 深圳华侨城威尼斯大酒店的中餐厅

在设计阶段，作品风格的表述要依靠设计语言来传达，那么设计语言又是用什么来构成的？它有什么样的特点？如何来表述作品的风格呢？我们从已建成的酒店建筑中，可以分析出，所有的空间中装饰构件都是用各种不同的制造技术作用于各种不同的物质材料而产生的各种不同的形象，而且这种形象向受众传达出各种不同的意义。所以我们说，室内设计的语言作为一种载体，在现代室内设计中表现出其独有的特征。这种语言含有四大元素：物质元素、技术元素、形态元素、美学(哲学)元素。四种元素聚散离合，并置构成组合为一个完整的室内设计的表意系统(图4-35)。

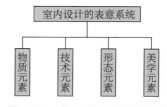

图4-35 室内设计的表意系统

一、物质元素

物质元素通俗的解释就是"材料"。材料是人类用于制造物品、器件、构件或其他产品的那些物质，材料是物质。在室内装饰工程中一般将材料按其在空间中的使用部位来进行分类，如"内墙材料、外墙材料、天棚材料、地面材料"。室内设计的各类作品必然由成千上万种材料来建成，物质元素是四大元素的基础，是最根本的元素。在这里我们不想就"材料"的性质展开来谈，只想谈谈"物质元素"所涉及的一个热门学科——生态学。生态学是关于有机体与环境之间相互关系的学科，它有许多分支，与室内设计相关的是"建筑生态学"。它是生态学概念在建筑规划和设计中的具体体现。对于营造一个具有良好生态循环的人居环境而言，生态学中的"共生"与"再生"原则具有重要意义。

1. 共生原则

共生的传统定义是两种密切接触的不同生物之间形成的互利关系。但在建筑的建造过程中，人与环境的共生则已经从生物性的概念发展到了生态学的概念了。我们知道人和物质都有地域性，所以"人造物"——房子也有地域性。采用当地材料建造的房子就是建筑生态学中最基本的内容，而建筑材料使用当地的自然材料是一个关键点，特别是我们室内设计中能够多使用当地的自然材料有利于生态环境的保护。

自然材料经过千百年的自然选择进化生存下来，它们中将有利于生存繁衍的共生特征保留下来，经过一代又一代的传递有利于生存的优越性会表现得越来越明显。它们对环境的适应性、吻合度最高。人在建筑的内部空间生活，接触到这些材料，自然是有益人的生命，因为人也是共生生物。

"共生"原则是指不同种类有机体之间的合作共存和互利的关系，就是说在材料的使用时特别要注意和自然环境的结合与和谐。通常多采用当地自然材料，因势利导，因地制宜运用当地自然资源。

"共生"表现出朴素的生态观，顺应自然，以最实用、最方便的形式创造出宜人的室内环境。

东方人设计概念中，崇尚自然材料，反璞归真，寻找人类生命的本源，回归大自然。所以在室内设计中大量地充分地运用了自然材料和自然资源。共生手法在多元主义作品中屡见不鲜。

2. 再生原则

生物学的"再生"是指生物的整体或部分器官因创伤丢失了，在剩余部分的基础上又生长出来与丢失部分相同功能的生物结构。而材料学的"再生"则是指废旧材料经过再次加工后生产出一种新的复合材料。现在有许多材料都是属于这类产品，它们被广泛地用于室内外装饰工程之中，替代了自然材料。

"再生"原则认为自然界中的物质资源是有限的。因此高级的自然生态系统必须表现出对物质资源的高效与循环利用。对于废旧材料经过特别处理后再生为一种新材料，它针对人类对自然资源无休止的索取造成资源枯竭、环境污染和物种消亡等一系列问题进行深刻反思之后，提出了改造自然材料，对自然资源的充分利用的科学态度，所以西方人设计概念中崇尚合成材料，改变自然物质的形态或利用废旧物质循环使用，再生出新的物品。

再生的材料在高技派的作品中层出不穷。英国的扎哈·哈蒂德(ZaHa Hadid)建筑设计大师就是运用再生合成材料做设计的高手，她在西班牙马德里的美国酒店(American Hatel)的室内设计中最充分地展现了再生合成材料的美。客房中的床、床头板、衣柜、写字台甚至卫生间的浴缸、洗手台等全部采用亚克力热溶成型制作，其成品无拼缝、整体感好，扎哈大师的设计手法亦很时尚新潮，形式感非常强，突破了一般概念上室内用品的形象，却又很好地将其功能保留了下来(图4-36)。

"共生"和"再生"是对立的统一体，它们共同支撑着建筑学中的"生态观"。这也是四大元素中最值得和最需要研究的两个原则。

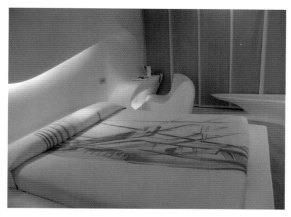

图4-36　马德里阿美丽肯（American hotel）客房

二、技术元素

要把材料塑造成可用之物必须使用加工制作手段——技术元素。在21世纪的今天，无论任何一种流派的作品都是用工业生产，机械加工取代农业文明的技术。技术元素是国际语言，很难有流派的分别，只有工业文明程度的区别，虽然农业文明时期的某些技术、工具在现代的施工中可能还有一点点留存之地，但也只能作为一种工具的历史而保存下来，真正大规模的使用还是工业文明时代的技术、机械和加工手段了。

在现代建筑技术中采用了两大构件系统——结构体系和围合系统。建筑中的梁、柱、剪力墙等是"结构体系"，房屋的四面墙、楼板是"围合系统"。但在装饰技术中还存在一个新的系统——装饰构件系统。装饰构件系统与建筑中的两大构件系统的有两个关系——附着关系(也有称为包裹关系的)和同构关系。

1. 附着技术(或称附着关系)

"附着"的含义是较小的物体贴在较大的物体上，附着物是依附于不动产之上且分离后就不能发挥效用的物体，附着物虽然可以独立存在，但却需依附在不动产之上才能发挥效用。

由于室内设计是在建筑设计的基础上来进行的，所以室内设计师的创意大多依附在建筑师的结构系统或围合系统之上，即用装饰构件依附或包裹着结构构件，装饰构件只起装饰作用，它就像人穿着的衣服一样，虽然结构构件被包裹起来，但其受力和支撑状态不变。深圳华侨城洲际大酒店宴会厅的天棚设计，将较为复杂的造型天花吊挂在原建筑楼板上。该造型依附于厚建筑结构体系之上，它丰富和活跃了宴会厅7m高的天顶，营造出一个较有个性特征的大空间采用的就是典型的"附着技术"(图4-37)。

图4-37 深圳华侨城洲际大酒店宴会厅

2. 同构技术(或称同构关系)

同构技术是将结构构件与装饰构件合二为一，同一个构件在起受力支撑的作用时也同样是空间环境的装饰构件。

在室内设计的施工中大量采用工业生产技术，充分利用钢筋水泥的可塑性来塑造形体，最典型的是西班牙建筑大师——高迪的"塑性建筑"，这类建筑是"同构"技术最完美的演绎。

同构技术理论观点——形式上的完整一定要有构造上的逻辑作为支撑。技术上完善的建筑可能在艺术上缺少表现力，但艺术上公认为最好的建筑，在技术上也一定是完善和卓越的，好的技术对好的建筑来讲是必要的条件，但不是充分条件。结构构件或围合构件与装饰构件相结合，或者说结构构件成为主要装饰构件之时，称之为"同构"技术。

例如沈阳万象城中庭的玻璃栏河，其不锈钢立柱起到了固定玻璃的固定件作用，同时本身又起到装饰美化作用(图4-38)。这个的构件可以说是较为典型的"同构"技术。

在同一个地方同时出现"同构"和"附着"，两种技术混合使用，别具匠心。从深圳华侨城洲际大酒店的外廊可以看到立柱和拱梁采用的是同构手法，而马赛克墙面与牛头的造型则附着在墙体构件之上。两种手法混合使用得天衣无缝。在具体的设计实例中，"同构"、"附着"的处理手法相互交融、渗透，但现代感强的作品中，"同构"的用量大，在传统风格的作品中，"附着"的用量大。当工业生产程度更高一些时，"同构"的手法更易被人所接受。

图4-38　沈阳万象城中庭的玻璃栏河

三、形态元素

　　我们在"立体构成"的教学中，常常会讲解物象的形态的构成均是由点、线、面、体来构成的。这是造型艺术的基本要素，在这里我们谈到的形态元素是指不同的物质材料，通过不同的技术手段创造出不同的形态，形，即外形；态，即内部的构造方式。这个形态从造型的角度来谈可分为"仿生"和"抽象"两种完全不同造型设计的思维方式。

1. 仿生的形态

　　利用"共生"原则，将几种不同属性的材料不破坏其原生态结构而组合在一起产生一种新的形态。这些形象虽然是人制作出来的，但其设计灵感来自眼中看到的自然界的生命形态，如水波、树叶、走兽、花鸟等，我们称之为具象，是仿生的形象。

　　仿生的形象亲切、自然，在室内空间作装饰时容易营造出一种和谐的氛围。

　　仿生形态的设计有如下五个特点。

　　(1) 形式独立于功能(仿生的形态与其使用功能没有太多的必然联系)。

　　(2) 多以仿生造型本身的内在涵义来引发受众的联想，例如深圳华侨城洲际大酒店的船吧，采用探险船的形状，实际功能是酒吧(图4-39)。

　　(3) 以文学中的意境创造为理论基础的非理性的自然形态。

(4) 色彩的使用强调"含蓄"，充分利用大自然对人类的色彩赋予。但自然色彩与人工色彩对比时，我们可以发现"含蓄"、"内敛"的方法符合东方人的心理。

(5) 容易形成"亲和"、"自然"的氛围。

2. 抽象的形态

利用"再生"原则，将几种不同属性的材料打破其原来的分子结构混合为一种特殊材料并构成新的形态。它可能并不来自于自然界的某一具体的形状，它是设计师的抽象思维产生的灵感，它的形状是抽象的。它的理论依据也有如下五点。

(1) 形式追随功能，造型与使用功能结合得比较紧密。

(2) 强调空间的围合关系时，常采用附着、同构的手段。

(3) 以数学为理论基础的几何形态。

(4) 色彩的使用突出"夸张"、"大胆"，对比强烈，视觉冲击力大，追求个性化手法。

图4-39 深圳华侨城洲际大酒店的船吧

(5) 强调形式感、以"三大构成学说"(平面构成、色彩构成、立体构成)为造型的理论依据，形态多用变型。

四、美学元素

对于室内设计的探索，寻找它的精神本源，归根到底还必须从哲学(美学)的高度来分析。不管什么流派的作品，其美学内涵不是体现东方美学情怀，就是体现西方美学观点。我们通过其作品的风格面貌来深入其内，可以理解其内在的涵义——美学因素。

1. 传统美学元素

中国哲学体系中有一块基石——"天人合一"。这里的"天"是无所不包的大自然，是客体，"人"是与天、地共生的人，是主体。天人合一是主体融合客体，形成二者的根本统一。

中国哲学体系中另一块基石——"阴阳结合"(道家学说)。实体为阳，虚体为阴；见光为阳，背光为阴；凸形为阳，凹形为阴；硬质为阳，软质为阴；雄性为阳，雌性为阴。

建筑物环境要负阴抱阳。藏风聚气，把崇山、峻石、绿树、竹林、洞桥、曲路与建筑融合起来，构成一个整体环境，使人、建筑物和大自然合三为一。

"天人合一"的哲学观认为大自然的生命在于阴阳的结合，这个观点在周易"阴阳五行"中描述得很细致，也很具体，而阴阳之观点从我们行业角度来理解有"负阴抱阳"之说。老子说"万物负阴而抱阳"。易经说"一阴一阳谓之道"。

在建筑中其空间的格局以负阴抱阳，背山面水为最佳选择，在现代城市的建筑中，负阴抱阳不一定要有山有水，因为建筑实体属阳，庭园为虚属阴。这样一来也可以形成阴阳相成，虚实相间的空间序列关系。对于这种空间序列，日本东京六本木君悦酒店餐厅处理得独具匠心。

它的"和式"餐厅由三个部分构成：两个独立的餐厅间夹着一座庭院。用餐厅围合空间的实体环抱庭院的虚体。空间序列很明确。在这里我们看到的是崇尚自然，引入自然的生态精神，把自然看成是人化的自然，把人看成是自然的人化，这样的空间序列真正达到了一种"藏风聚气，通天接地"的效果。空间序列还讲究空间的流动。用通透的玻璃将庭园的虚空间引入室内之中，既扩大了室内空间感，也解决了日照、通风、保温、隔热、防噪这五大问题。在围合的空间中我们引入自然材料来表现人和自然的关系。"负阴抱阳"认为山石为阳，流水为阴，现代材料中玻璃则表示水。

在东京君悦酒店的和式餐厅设计中我们能非常强烈地感受到设计师运用自然材料创造环境气氛的用意(图4-40)。他只采用了两种主要材料：山石——阳，流水——阴，用山水和阴阳的交替处理使整个空间散发出一种浓厚的东方文化底蕴，把"天人合一"这一哲学观念用可视的实体形象来加以表述，使我们可以感受到设计师的良苦用心。他们在室内采用大块的山石，与大片的玻璃相互烘托对比，给人一种仿佛置身于乡间山野的通透感与释放感。为防止山石的粗糙肌理影响客人的使用而运用透明玻璃阻隔在自然形态的山石之间，同时又做以适当的点缀，

图4-40 东京六本木君悦酒店的餐厅庭院

从而烘托的整个环境越发的清新自然，处处散发着一种随意之美，使人过目不忘。

2. 现代技术美学元素

(1) 技术美学为其理论依据，强调工业文明，把力学与美学结合起来，有机地组织成为一种构件，用并置的方法理性的排列，实现出一种力量、速度的美感。

(2) 对力量的正确表述本身就是一种美。技术美学认为把建筑当做机械来表现，表达

出第二代机械美学特征——理性、力量，使技术本身成为了高雅的"高技艺术"强调数理逻辑性。

流线造型和机械生产的加工手段相吻合的形式，对形式上进行夸张的装饰性的运用综合结构构件系统和装饰构件系统的统一产生的一种技术美。

日照、通风、保温、隔热、防躁五大功能均是用人造室内环境，采用工业技术手段来解决。

(3) 与东方美学中的"感性"相反，"理性"为其内核。

四大元素是一个大的表达创意的系统，包含的内容太丰富，实在无法能说得很清楚，所以仅举出每个元素中两个主要互相有些对立的方法或原则来说明这四大元素的内涵。其实也只能算是抛个砖吧。这是从实践中总结出来的经验，虽说不上有什么太大的深度或系统，但好用！它对理清我们的思路有很多益处，当创意的思绪有些迷茫时，理一理这四个元素，你将会发现前面又有一片新的绿洲。

第四节　室内设计的未来之路

从1981年至2012年的31年中，中国的室内设计发展跌宕起伏，产生了一波又一波的高潮。西方发达国家的设计流派，东方邻国的设计风格大量涌入国内。几经周旋之后，又像过去数千年来涌入中国的外来文化最终被同化了一样，上述外来设计流派的风格也正在被中国文化同化之中。中国设计师正在逐渐掌握设计潮流的话语权。那么"三大主要流派"之后的设计之路将迈向何方？

一、低碳环保节能的绿色设计方向

目前我国城市中既有建筑面积已经达到450亿平方米，2010年中国建筑业开复工面积近40亿平方米，比2010年增长20%左右。从建筑面积上来分析，以现有建筑更新装饰率10%，开复工面积装饰率8%来计算。2010年已有近80亿平方米的建筑在进行装饰。当前，建筑装饰费用已经达到工程总造价30%～40%，近三年的全国装饰产业的总产值增长数据如表4-1所示。

表4-1　全国装饰产业的增长数据

年份	全国建装饰行业总产值	增幅
2010年	2.10万亿元	/
2011年	2.34万亿元	11.4%
2012年	2.63万亿元	11.2%

注：以上数据摘自中国建筑装饰协会各年的研究报告。

中国成为了世界头号建筑装饰大国。可是我们建筑装饰产业仍是一个资源依赖型的行业，矿山资源、木材资源过度消耗。地球资源的有限与人类欲望的无限构成无法回避的矛盾。同时装饰行业施工产生的城市噪声污染和粉尘污染，装饰材料中有害物质的污染成了建筑室内空间环境的严重污染源。装饰产业本来是以美化环境为目的而实际造成了环境污染的现状，这一对矛盾的解决也到了迫在眉睫的地步。

至今中国绿色环保建筑与建筑节能方面已经出台10多个国家标准，颁布了《中华人民共和国建筑法》、《中华人民共和国节约能源法》、《中国绿色建筑导则》、《绿色建筑评价标识管理办法》、《绿色建筑评价技术细则》等国家标准和各部委颁发的实施细则标准。

2011年"十二五"规划纲要提出24项指标，其中关于环境资源的8项指标中有72个是约束性的指标，我们可以看出环境保护、节能减排已经被提到了非常重要位置。

在绿色建筑等级认定方面，新建筑开工前对设计进行预评价，对已开工建筑进行"四节二环保"性能的评价，将"绿色建筑"从一个专业术语转变为建筑项目的一般流程，取缔冒牌"绿色建筑"的生存空间。住建部响应国家号召而颁布的《民用建筑绿色设计规范》行业标准在2011年10月1日起实施。财政部和住建部联合向社会公布了"十二五"期间，我国公共建设节能目标，即力争实现公共建筑单位能耗下降10%，大型公共建筑能耗下降20%以上。除了建筑节能之外，绿色设计规范更多地考虑对人的生活质量和对自然环境的影响。绿色建筑进入了深度研发和实践阶段。

"十二五"节能环保的设限，越来越多的房地产开发商开始追求"绿色"开始了新一轮的房地产业的转型。中国房地产要上新的台阶，绿色是唯一道路，它将终结粗放式的开发模式，走向绿色建筑，如果说21世纪的前十年是住宅地产的黄金周期，那么下一个十年将是绿色建筑的黄金周期，绿色建筑正逐渐成为高端物业未来的发展主流。

绿色设计的核心要求是"低碳、节能、环保"，这也是室内设计的发展方向。其实是引入"低碳、生态、宜居"的设计理念。下面以我们在室内设计中经常碰到的光源及灯具选型为例来说明"绿色设计"的应用。半导体LED的照明技术近几年发展得很快。它利用固体半导体芯片作为发光材料，在导体中通过载流子发生放出过剩的能量而引起光子发射，直接发出各色光和白光，大大降低了电能的消耗，成为了传统照明光源的更新换代技术。它提供的不仅仅是一个照明的产品，而且会给我们一个舒适的光环境，并且对节能环保产生长远的积极的影响。在对LED光源的研发上，我国政府出台了一系列指导性、扶持性的政策。深圳的厂家走在了全国的前列。根据中国建筑装饰协会电气委员会的推荐，我们调查了一批厂家，其中深圳市极成光电有限公司的研发人员提供了一个光源技术参数对比表(表4-2)，为上面的观点作出很好的说明。

表4-2　LED光源产品与传统光源产品技术参数对比

产品名称	Geosheen LED	其他LED	传统卤素PAR38
图片			
灯头类型	E27	E27	E27

(续表)

产品名称	Geosheen LED	其他LED	传统卤素PAR38
功率	15W	20W	75W
角度	20°/36°		
色温	2700K/4000K		
显色指数	≥85(2700K) ≥92(4000K)	70~80	85
灯体温度	63℃	90℃	180℃
最高峰值光强(Cd)	13000cd	11000cd	12000cd
二氧化碳排放量	396.6kg	492.8kg	1848kg
寿命	40000小时	15000小时	2000小时

注：1kW·h排放0.616kg二氧化碳。

其中LED光源的二氧化碳排放量比传统光源减少78.5%，电源消耗降低80%，光源的使用寿命增加20倍。从当前的科技水平来衡量，采用LED光源就是个实现"绿色设计"的途径。

我们在设计中选用的产品不仅仅是光源，同时还在挑选与光源结合在一起的灯具。挑选灯具时，设计师们注重其造型的美观，容易忽略的是灯具的聚光效率。从灯具的配光曲线图中可以看出，只有让光源的聚光效率达到最高，配光曲线最好的灯具才能达到真正节能又能控制好眩光。在这方面，极成厂的研究人员取得了很好的成果。他们设计出了Focus Reflection光学系统，射灯中心的光学透镜，将LED发出的光线有效地控制在反光杯的范围内，不让光线照射到控制角度之外，再经反光杯反射，形成光束均匀，边界柔和的光照效果。这种反光杯是经过精心设计的，采用了反射率高达97%的反光材料，经过严格的表面工艺处理，不仅外表美观，而且光效更高，节能更显著(图4-41)。

现在已经有越来越多的项目，为了使照明系统这个用电大户达到最佳的节能效果，会请专业的电气工程师进行必要的优化

格纹反光杯

图4-41　国际专利Focus　Reflection光学系统

设计，注重提高对电能的使用效率，减少电能的损耗率，进而减少整个项目的电能消耗。

　　"技术创新"一直是低碳节能环保这个绿色设计的主导方向。新技术、新材料的使用是提高室内设计"技术创新"的主要方法。例如，室内设计中常遇到的一个窗帘遮阳的材料造型问题。窗帘有千万种，在设计造型时，既有美学要求，更要有绿色设计的要求。与我们常用的传统的室内窗饰产品相比较，外遮阳卷窗帘系统的节能功效要高出许多。据欧洲遮阳协会(ESSO))的一份研究报告显示，正确使用外遮阳卷窗帘在夏日可降低室内温度9℃，相当于节能28%，而在冬季也能减少室内外热量的交换，节省10%的采暖能耗。特别对于我国南方地区的采用大面积窗户的酒店更有节能降耗的优势。再例如，如何解决"城市热岛效应"的问题。随着中国城市化进程的持续加速，小城市变成中等城市，中等城市变成大城市，大城市膨胀为超大城市，建筑密度日益增大，通风不良，致使城市市区的热量很难向外扩散，形成了"城市热岛"，影响到了居住者的生存状态。很多人认为要解决这个问题只是规划学和建筑学的事情，与室内设计无关，其实不然。若室内设计也认真关注这个问题，在设计中采用隔热材料，或巧妙使用"热空气上升，冷空气下沉"的自然法则，根据人在室内活动状态，将各个空间的高度、进深加以调整，降低热吸收，从而减少空间制冷能耗，达到节能减排的效果，并且在室内加强室内热量的对流，让多余的热量少产生，或者产生后迅速流出室外，减少聚集。热力学告诉我们，热能的传导的三种方式中，对流是气体中热量传播的主要方式，是热传导与流体运动的共同作用，使焓通过流体内冷热互动来产生传递，空气的温度升高则密度会降低，所以当热气上升时，密度大的冷气就会进入气流的下层。在这种自由的对流过程中，流动的气流受重力和浮力的控制。利用这一自然法则，我们本着节能减排低碳的设计思想，一定可以设计出新的空间形态。

　　室内设计的技术创新更多的是"集成创新"。首先从源头上来更新对建筑材料使用上的传统观念，尽量采用环保型装饰材料。所谓环保型装饰材料，是指利用清洁生产技术，少用天然资源和能源，大量使用工业或城市固态废弃物生产的无毒、无污染、无放射性，有利于环境保护和人体健康的装饰材料，具有节能、环保、健康和高品质的特征。

　　例如，美国一家企业研发了一种新型建材konera，使用城市回收的瓶罐玻璃、粉煤灰、水泥渣土及城市废弃物、混凝土等固体回收物，经干燥、粉碎、过筛后，应用纳米结构和微机械学的技术通过化学反应硬化制成墙体材料和墙、地面装饰材料。产品制造过程，不需要陶瓷、水泥窑炉或高能耗的养护装置。它的各项技术指标却能达到目前用传统的建材技术生产出来的产品的标准，而且还可以用模块化和便携式的生产设备，在大型的建筑施工现场快速生产，减少了城市废弃物的运出工厂和产品完成后的输送到现场的过程。这种低碳、节能、环保的产品研发生产的思路非常值得我们来借鉴学习。

　　目前环保型装饰材料主要有环保地材、环保墙材、环保墙饰、环保管材、环保油漆和环保照明。特别是环保照明，利用风能、太阳能的技术来进行。这些技术在我国已经比较成熟了。有关资料表明，我国具有非常丰富的太阳能资源，太阳能辐射总量每平方米超过5000MG(兆焦耳)，年日照数超过2200h(小时)的地区占国土面积的2/3以上。如果我国太阳能年辐射总量的1%转化为可利用资源，就能满足全部的能源需求。目前可利用的太阳能技术，主要有太阳能光伏轮廓灯、高效智能光电遮阳技术、空气集热器系统、光伏并网发电技术、智能升降百叶遮阳技术、高效维护保温技术、温屏节能玻璃和天幕遮阳技术等。

二、"工业化"是指引室内设计未来发展之路的"北斗星"

装饰行业巨大的发展潜力与装饰产业目前的生产方式形成了三大主要矛盾。

(1) 快速发展的市场需求与产业劳动生产率低下的矛盾。

目前的半手工作坊式的生产方式拖住了提高生产效率的步伐。一方面是市场需求快速膨胀，一方面是劳动生产率止步不前。

(2) 市场要求的产品不断提高与装饰产品质量无法上升的矛盾。

装饰工程质量提高的重要环节是"做工的精度"，手工作业做工的精度再高也是有限的，主要是因为手工制品与机械加工的精度的档次悬殊差别甚远，故市场对装饰产品的质量档次要求不断攀升，而装饰产品的成果却由于手工作业无法提高。

(3) 边缘学科的杂交优势与落后的施工生产组织方式的矛盾。

装饰行业从它的诞生就表现出边缘学科的特征：社会科学与自然科学结合，建筑工业与轻工业结合而产生这个行业，到21世纪装饰行业还应该吸收航天工业、机械工业的合理内核来充实、发展自己。航天工业和装饰业的上游资源给我们提供了许多新材料，机械工业为我们提供了大生产的范例，这些都是改良、发展装饰业施工组织的和生产的基础条件。

要解决以上三个矛盾，只有一条路可以走——"工业化"，改变目前装饰行业的作业模式。传统的现场作坊式施工的作业方式主要以现场施工为主来组织工程的施工，且施工工序是先湿后干，先天后地。而工厂化施工则是把装饰操作劳动分解成流水线式的工厂劳动，把复杂的人工操作变成了重复机械的标准劳动，把个体工人的水平高低变成了现场装配的熟练工作，而且把复杂的成品分解成了可以由机械生产的部品，运到现场进行组装，可以将天、地、墙的各部分的部件同时组织加工，所以劳动力组织的方式与传统作业方式完全不同。

由于劳动生产方式改变了，所以设计的思路也要随之而变，而且要走在施工生产变化的前面。因为设计是龙头，龙头决定装饰产业巨龙的发展方向。前面谈到"三大流派"中的高技派是比较适合工业化生产的一种设计思潮。当然要让设计完全适用工厂的流水线生产，在设计中要强调的是"构件化"和"标准化"，从这一角度出发，我们制图标准也要有所改良。装饰工程施工的依据是图纸，当设计图的制图标准深度还停留在以现场施工为主的施工操作模式的阶段时，装饰工业化的发展是必然要受到制约的。

工厂化生产把原来在现场的裁、锯、刨、焊等工艺转移到了工厂，工厂的流水线则把这些工艺分解成一道道工序，每一台(组)设备完成一个构件，组装后成半成品再到现场安装，可是我们目前采用的装饰工程设计的制图标准沿用的是建筑制图标准——平、立、剖、节点。这种图纸存在两大缺陷：一是没有解决构件标准化的问题，如果不从设计的源头开始解决装饰工业的"标准化"，那么装饰工程的产品是难以进行大工业化生产的，没有标准化，就无法脱离作坊经济，就无法进行大生产社会化组织，产品规模化生产；二是设计深度达不到工厂生产制作的要求，工厂在生产时往往要把装饰设计图纸重新深化设计变成构件图，而构件图的制图标准是机械制图。建筑制图与机械制图虽有共同之处，但分属两种不同制图体系，其表示方法、制图标准和深度不一样，当装饰工业发展到今天，原有的建筑制图的表示方法已不能满足它的需要，它也要跟着行业的发展而扩容，我们认为装饰工业应该是可以借鉴机械工业制图标准，将不同体系的制图标准融为一体，来支撑装饰工程产业升级带来的施工模式的变革。

　　装饰行业的作业模式的变化：小作坊的作业模式发展演变为工厂制作，现场安装的作业模式这是迈向工业化大生产的作业模式。它不仅仅是一种作业模式的变化，而是反映出生产力和生产关系的进步(图4-42)。

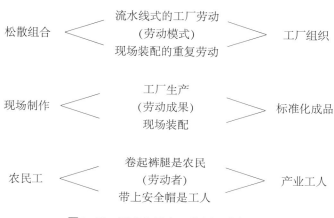

图4-42　工业化带来三种关系的转变

　　"工业化"的第一步是中国室内装饰产业的发展方向，并不等于就完全否定手工作坊的存在。为体现出室内设计装饰的经典和高贵的品质，有的部位仍需要手工来制作，以体现其传统的手工艺性。但这已经不能成为装饰产业中生产力的主流了。作为非物质文化的象征，很多传统手工艺也需要给予扶植，因为它代表了一个时代，它凝聚了历史文化的传承。作坊经济—工厂经济—工业经济，改变了生产关系，促进了生产力的发展。同时这种产业升级变革带来了"降低能耗、节约资源、保护环境"的绿色革命。事实上也只有走这条发展之路，才能促使装饰行业实现"脱胎换骨"，跳出小农经济对它的约束，摆脱计划经济的桎梏。集约化的规模生产和标准化的部品构件制作是今天装饰企业发展壮大的必由之路。

单元训练与拓展

1. 作品欣赏

　　详见本章示范图。

2. 课题内容：自助餐厅设计

　　课时：二周共48课时(其中草图设计10课时，老师点评修改。正式画图20课时，效果

图12课时，设计说明、材料样板6课时)。

自助餐厅设计要求如下。

(1) 本设计方案是一家五星级酒店的自助餐厅，设在首层，餐厅入口通向大堂，面积近600m²，柱网9m(具体详见第二单元训练和拓展中所使用的建筑图纸)。

(2) 本方案要求把握时代潮流，展现都市时尚，充分显示出奢华的酒店经营风格，力求个性鲜明突出，强调室内氛围为西班牙风格。

(3) 本方案要求平面流程合理，客人用餐路线和取菜路线尽量减少交叉。餐桌设置合理，由于主要是为住店客人的自助早餐服务的，所以要多设二人台，布菲台要求能摆冷饮、热饮、水果、生菜、热菜、糕点、煲汤锅、现炸现煮等菜肴，可在不同角度设置电视机，方便客人边吃边看。

(4) 入口与柱子的设计符号要有呼应，利用声、形、光、色等技巧，充分展现设计创意，让环境与氛围给客人以轻松愉悦、高雅、恬静的气息。

(5) 本方案要符合相关的防火规范，符合相关餐厅卫生检查规范。

教学要点如下。

(1) 设计图的表现方法、图例、线型的使用。

(2) 设计材料的选用原则。

(3) 设计作品的风格和色彩。

(4) 设计素材如何收集整理。

3. 作业要求

(1) 彩色平面图——A3图幅。

(2) 彩色天花图——A3图幅。

(3) 彩色主要立面图——A3图幅。

(4) 彩色效果图——A3图幅。

(5) 材料样板——A2图幅。

(6) 方案介绍说明——A3图幅，装订成彩色图册一本。

4. 训练目的

(1) 要求学员掌握设计风格的四大构成要素。

(2) 要求学员掌握设计素材收集整理的方法。

5. 相关知识链接

(1) 全希希，李展海．五星级酒店的自助餐厅设计[R]．新浪博客：大海博客，2012．

(2) 郑曙旸．室内设计思维与方法[M]．北京：中国建筑工业出版社，2003．

(3) 郑曙旸，张绮曼．室内设计资料集[M]．北京：中国建筑工业出版社，1996．

第五章 功能与设计
——酒店规划与客房设计

本章要点

设计管理理论永远离不开具体的设计，把酒店的室内设计作为一个较为具体的案例来展开叙述，更有利于将管理理论落到实处。

每个酒店各有特色，其功能设置、装饰风格千差万别，但有一个部分是大同小异的——客房。故本章对客房的设计作了较为深入的分析和讲解。相信读者看完之后对客房设计有一个系统的认知和了解。

本章要求和目标

◆ 要求：能熟练掌握客房功能分析的"二二三法则"并灵活运用。结合前一章的教学，在设计风格的导入、设计符号的构成、客房固定家具的造型上能有所创新。

◆ 目标：熟悉酒店客房设计的要点，完成一个完整的客房设计方案。

酒店的本质是什么？

酒店本质，归纳起来为一句话："基于私人居住空间的公共服务场所"。酒店是以住宿为基本条件，构成满足居住要求的"私人空间"，但酒店的附加价值和吸引力，更多地在于"公共场所"的服务能力。

"私人空间"为私密性客房单元，它的创新发展非常快，形成了功能、结构、风格情调和空间大小这四个方面的多元变化组合。在功能方面，出现了以娱乐休闲为中心的休闲客房模式，以温泉泡浴为中心的温泉客房模式，作为商务接待的商务套间，作为私人办公的行政套间，具备绝对私密安全的总统套房以及独层与独栋的公寓别墅。

"公共场所"把酒店的功能大大扩张，形成现代酒店无所不能的发展，以住客的餐饮、旅行、商务、会议、休闲、度假等功能为基础，实现跨越，成为一个城市商务、休闲、娱乐、聚会、会议、活动的公共空间，因此出现了"客房"和"大会议"、"大餐饮"、"大娱乐"、"大休闲"等相结合的创新型酒店模式。

第一节　高端酒店的常规分类

高端酒店的类型如图5-1所示。

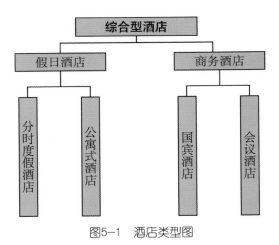

图5-1　酒店类型图

一、假日酒店

酒店不仅仅是提供客房与服务，不仅仅是高级生活的辅助住处，它还是一种思想，一种文化，一个故事。吸引宾客来到这个独一无二的世界，享受旅游的乐趣。南通有斐大酒店、东莞御龙山庄和义乌锦都大酒店就是如此。特别是由著名设计师邓承斌先生设计的南通有斐大酒店(图5-2)，是由中国著名轻纺工业实业家张謇在百年前创建的。张謇是慈禧钦点的清朝末代最后一名状元，后来他兴办丝绸纺织业，奠定了中国轻纺工业的基础，成为中国轻纺工业历史上的一块丰碑。有斐大酒店经历百年历史，阅尽人间悲欢离合，蕴含了多少传奇故事！经过几代人的挣扎与磨砺后，它向人们诉说了在历史考验面前谋求生存与发展的艺术，以至于许多宾客都是慕名而来，寻找往事的回忆而入住有斐大酒店的。许多假日酒店都和"南通有斐大酒店"一样有着深厚的人文背景和故事。这也是我们作设计时要认真挖掘的题材，也是假日酒店的特色之一。

图5-2　南通有斐大酒店

假日酒店经营方式不断外延扩大，近年来它又衍生出两种形式：

(1) "分时度假酒店"（又称独立产权式酒店），这是为了吸引宾客，尽快回收资金，酒店经营者用"合股购买客房产权"的方式来让不同的购买者每年轮流使用同一间客房。而若某人独立购买了一间客房，除每年自己来享受之外，平时则由酒店方代为出租。前些年，我们设计、施工完成的"深圳大梅沙雅兰酒店"就是这种形式。

(2) "公寓式酒店"这是近年来又新推出的一种形式，在客房原有的使用功能上增加了一个自助厨房间，便于客人自助餐饮，适合于长年租住或家庭型的客源。使酒店客房不仅作为"睡觉的地方"，而且是居住的空间。例如，深圳"丹枫·白露公寓式酒店"即是如此。

二、商务酒店

近年来，大型的酒店常常被用来承办大型会议或商务活动，酒店功能延伸，商务酒店应运而生，我们今天对一间酒店动辄接待几百上千人的大型会议已不再感到吃惊。在这类酒店中也分支出两类。其一，是以满足政府接待功能为主的商务酒店——"国宾馆"。这是一种具有中国特色的酒店经营方式。如我们设计的"杭州西湖国宾馆"。其二，是举办各种大型商务会议的酒店——"国际会议中心"。例如，东营精攻石油大酒店和无锡太湖国际会议中心就是典型的代表。

其实，更多的五星级酒店为了扩大经营，往往把"度假"和"商务"结合起来构成一家大型或超大型的综合酒店，在酒店的功能设置、客房设施的选用和经营管理上都具备了消化上述两大功能的能力。张家港华芳金陵国际酒店即是最好的例证。

我们在进行各种酒店的室内设计时，常常遇到一些业主或领导提出一个同样的问题：我们的酒店应该做成一个什么样的规模？各种功能如何设置？本章就是以我们多年的设计经验和对几个五星级酒店的规模加以分析比较来回答这个问题。

第二节　高端酒店的总体规划

19世纪中叶，当欧洲一些主要国家还沉迷于中、小规模酒店的经营时，美国则由于电梯在酒店建筑中的广泛使用，开始建造大规模的酒店，1960年后美国已建造了客房数超过500间的酒店上百家。可到了20世纪90年代，美国的城市酒店又开始流行个性化服务的欧式酒店。这是因为经营者与设计师经过多年经营策划的分析比较后，发现了酒店经营与酒店规模的最佳结合点，为使酒店经营的行政效率最佳，对于其规模的大小，世界著名学者瓦尔特A•鲁茨曾提出下列观点：

(1) 200间左右的客房是酒店规模的一个基点。

(2) 少于200间客房的酒店，经营管理要个性化些，员工的工作效率相对高一些，故人数可减少些，尽管没有大酒店在市场营销和预定的优势，但这个规模可以获得利润。

(3) 客房为200间时，员工工作效率达到最高，经营管理费用最合理。

(4) 客房数为500~600间，管理上效率不会很高，其特点是面积大，服务人员多，厨房设备多，但因此容易占据市场，获得贷款。

(5) 中等规模的酒店，一定要努力降低成本以弥补较低的效率。

(6) 规模较大和较小的酒店在较高的收益下，可在设计装修上多下工夫(图5-3)。

图5-3　江西赣州假日大酒店大堂

几个五星级酒店的规模分析比较，见表5-1。

表5-1　几个五星级酒店的规模分析比较

名称 指标 要素	张家港 华芳 酒店	南通 有斐 大酒店	义乌 锦都 大酒店	东莞 御龙山 庄	无锡太 湖宾馆	深圳 丹枫白 露酒店	成都 万达 大酒店
建筑面积	6万m²	2.7万m²	2.6万m²	1.5万m²	2.7万m²	3.8万m²	3.7万m²
客房数	364套	235间	249间	138间	309间	300套	262套
酒店类型	综合	假日	假日	休闲	商务	假日	商务
酒店地点	市中心	市中心	市中心	市中心	市郊	市区	市中心
酒店星级	五星	五星	五星	未评星	五星	五星	五星

一、酒店功能区域面积指标分析

酒店内部空间的使用一般分成三个主要功能区域：公共功能区、客房功能区和内部管理功能区(图5-4)。

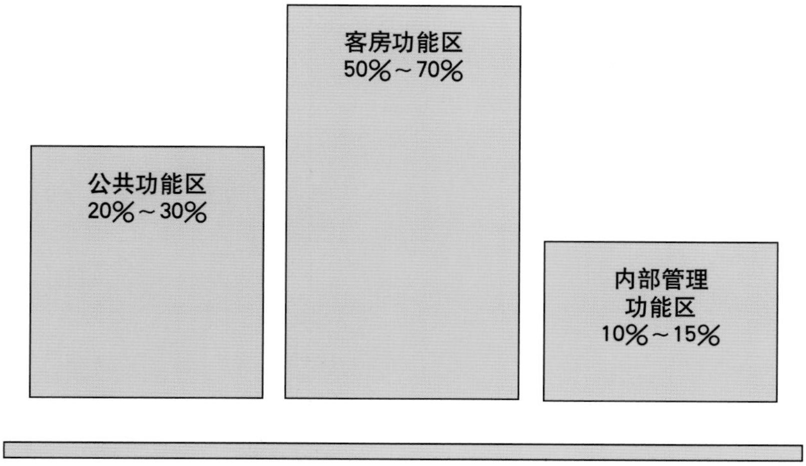

图5-4　功能分区比例关系示意

表5-2是各五星级酒店分区指标分析比较。

表5-2　各酒店分区指标分析比较

区域	功能	华芳金陵	南通有斐	义乌锦都	御龙山庄	太湖国际	丹枫白露	成都万达
公共功能区	大堂服务餐饮中心、娱乐中心、会议中心、内部交通	1.6万 m²	5000m²	5000m²	7000m²	8000m²(不含原有会议中心)	1700m²	6000m²
	面积比例	26.66%	18%	19.8%	48%	29.62%	4.5%	16.6%
客房区	客房及客房走廊、客房电梯厅	2.9万 m²	1.7万 m²	1.6万 m²	6000 m²(不含待建的客房楼)	1.5万 m²	2.5万 m²	1800m²
	面积比例	48.33%	62%	64.4%	41%	55.55%	65.8%	48%
内部管理区	设备用房、内部人员用房、厨房、后场用房	1万 m²	5600m²	4000m²	1600m²	4000m²	4000m²	3600m²
	面积比例	16.75%	20%(含地下车库)	15.8%	11%	14.81%	10.52%	10%
其他	出租写字楼	5000m²	／	／	／	／	7000m²	／
	面积比例	8.33%	／	／	／	／	19.21%	／

二、公共功能区域分析

　　无论是酒店业主，酒店经营者，还是设计师对酒店公共功能区的重视已到了无以复加的程度。的确，酒店公共功能区直接展现出酒店的级别和豪华档次。公共功能区有四个中心：大堂服务中心、餐饮中心、休闲健身中心和会议中心，而大堂和共享空间则历来被视为重中之重。

大堂服务中心的主要功能主要包括服务台、客人等候服务区、大堂经理、前台办公室、商务中心、大堂吧和首层电梯厅，有的酒店还将大堂咖啡厅合并进大堂服务中心的范围之内，总服务台又分为接待登记、结账、礼宾、团队接待、行李寄存、贵重物品保管等功能。

餐饮中心主要有全日餐厅、西餐厅、中餐厅、风味餐厅、宴会厅、特色餐厅等。餐饮中心是在酒店经营中创产值的主要功能中心之一。也是酒店经营管理公司和设计公司重点关注的位置之一。餐饮中心的设计较为复杂。其餐厅数量的多少，面积的大小，座位的设置要结合经营来通盘考虑的。

会议中心主要有多功能厅，中会议室和小会议室。多功能厅往往与宴会厅合并起来设计，用以节省资源。对于五星级酒店而言，会议中心的面积指标并没有一定之规，也是要结合酒店经营的客户群来考虑的。

健身娱乐中心的功能主要有：室内外游泳池、健身房、歌舞厅、美容美发室、棋牌室，等等。一般情况下，游泳池、健身房是在酒店经营的范围之中，其他的功能大多是专业公司来经营，不在酒店管理的范围之内。

欧洲酒店和美国酒店对酒店大堂常有不同的诠释，在20世纪70年代前，欧洲的酒店大堂比较小，入口也较为封闭，其环境气氛比较讲究贵族气，大部分酒店大堂的面积为客房数×0.6~0.9m²。但美国的酒店大堂比较大，约为客房数×1~1.4 m²。比较讲究气派和大众化。特别是著名建筑师波特曼首创出"共享空间"的概念后，美国大型酒店经常把酒吧、咖啡厅甚至餐厅与大堂连在一起，可以使大堂看起来更大，却又不必增加面积，目前国内五星级酒店的大堂设计多沿用美国酒店的设计思路，往往规划得比较宽敞，其面积指标一般是床位数×1~1.5 m²左右。但具体到某个酒店的设计中，往往要根据建筑平面提供的条件来规划，往往指标都偏大。

由于大堂是大人流区，所以其设计主要要解决交通问题，使宾客去前厅、电梯、餐饮、宴会、娱乐、商务等其他空间的路线非常明确，不至于在大堂中迷失方向，找不到通道。

公共功能区有众多的功能，其面积指标的规划要由市场分析、投资规模、经营方式和客房数量来综合确定。表5-3是8个酒店公共区域主要功能面积比较分析表。

表5-3　酒店公共区域主要功能面积比较分析表

序号	面积功能	华芳金陵	南通有斐	义乌锦都	太湖国际(一期)	太湖国际(二期)	御龙山庄	丹枫白露	成都万达
1	大堂	500m²	609m²	500m²	700m²	260m²	320m²	247.5m²	1200m²
2	前台	15m²	13.5m²	12m²	12m²	4m²	16m²	9.5m²	15m²
3	首层电梯厅	54m²	60m²	80m²	63m²	63m²	35m²	30m²	26m²

序号	面积功能	华芳金陵	南通有斐	义乌锦都	太湖国际(一期)	太湖国际(二期)	御龙山庄	丹枫白露	成都万达
4	电梯数量	6台	4台	6台	3台	4台	2台	2台	5台
5	咖啡厅	200m²	120m²	80m²	260m²	/	/	/	300m²
6	大堂吧	640m²	262m²	200m²	234m²	/	120m²	/	
7	零点餐厅	248m²	306m²	300m²	324m²	72m²	800m²	200m²	1800m²
8	中餐包房数量	23间	12间	44间	9间	/	/	2间	8间
9	中餐包房面积	920m²	660m²	2400m²	375m²	/	/	58m²	58m²
10	宴会厅	740m²	550m²	594m²	700m²	250m²	/	/	290m²
11	会议室数量	9间	8间	3间	8间	3间	/	2间	5间
12	会议室面积	1080m²	800m²	520m²	750m²	250m²	/	/	450m²
13	商务中心	64m²	30m²	64m²	180m²	/	/	/	80m²
14	精品店	380m²	/	900m²	346m²	/	/	/	800m²
15	西餐厅	276m²	87m²	250m²	170m²	280m²	540m²	453m²	250m²
16	风味餐厅	500m²	277m²	/	200m²	/	/	/	500m²

序号	面积功能	华芳金陵	南通有斐	义乌锦都	太湖国际(一期)	太湖国际(二期)	御龙山庄	丹枫白露	成都万达
17	康体中心	1965m²	/	1040m²（含网球场）	800m²	/	/	/	1300m²
18	美容美发厅	40m²	/	200m²	30m²	/	/	/	50m²
19	娱乐中心	2431m²	/	300m²	928m²	/	5400m²	/	500m²
20	多功能厅面积	800m²	600m²	600m²	450m²	1200m²	/	/	600m²
21	露天茶座面积	/	/	400m²	/	/	/	/	/
22	室内茶厅面积	/	77m²	/	/	/	/	/	/
23	酒吧面积	300m²	/	350m²	200m²	/	/	/	320m²
24	游泳池面积	1480m²	/	800m²	/	/	/	/	500m²
25	旋转餐厅面积	550m²	/	/	/	/	/	/	/

　　公共功能区的功能设置一般都在裙房或低层，这样便于酒店内外的宾客使用。亦便于大量的人流、物流的调度安排和公众性与私密性空间的处理。当然，也有的大酒店将顶层设置为餐厅，这主要是经营者想制造出一个更优美的用餐环境来吸引客人，但只有在垂直交通得到很好的解决时才可以采用这种处理方式。

　　表5-4是张家港华芳金陵国际酒店公共功能的设置及指标。

表5-4　张家港华芳金陵国际酒店公共功能的设置及指标

楼层	公共功能设置及指标
负1层	棋牌室341m² 　　　 迪斯科午餐840m²
1层	大堂　500m²　　　　　总服务台15m²　　　　前台办公室70m² 行李房8m²　　　　　保险间8m²　　　　　商务中心64m² 大堂吧及VIP间640m²　　西餐厅及VIP房270m²　　西饼屋21m² 花店20m²　　　　　　书屋50m²　　　　　公共卫生间120m² 电梯间54m²　　　　　内线电话4m²　　　　精品店380m²
2层	零点餐厅305m²　　　封闭酒吧340m²　　　中餐包房850m² 宴会厅720m²
3层	桑拿1737m²　　　　壁球室64m²　　　　乒乓球室64m² 健身房100m²　　　　夜总会1250m²　　　游泳池1480m² 美容美发40m²
4层	多功能厅740m²　　　贵宾休息室144m²　　各种会议室(9间)1080m²
24层	旋转餐厅550m²

三、客房功能区分析

酒店的主要收益来自客房，客房面积占酒店总面积的50%~75%左右，设计师总是在每层客房层的设计中尽量节省空间，增加数量，尽可能来解决垂直、水平交通的问题和保证客房的基本支持面积。

从建筑设计提供的基础条件来分析，最经济的客房空间通常是一个建筑柱间分割成两个自然间。建筑柱距呈下列状况时，客房的空间尺寸见表5-5。

表5-5　客房的空间尺寸

建筑柱距	7.2m	7.5m	7.8m	8m	9m	10m
客房开间尺寸	3.6m×7.2m	3.75m×7.5m	3.9m×7.8m	4m×8m	4.5m×9m	5m×10m
客房面积	25.9m²	28m²	30.42m²	32m²	40m²	50m²

在经多次分析客人在客房中的各种活动、停留的时间等因素之后，从建筑成本的经济核算与客人的舒适度的关系来看，我们宁可将客房的长度延伸一些，客人在其中就会感到舒适得多，因为将客房加宽所需的建筑成本要高一些，而对客房舒适度的影响却可能会小一些。

20世纪80年代，客户的柱距多采用7.2m×7.2m、7.5m×7.5m，到90年代多采用7.8m×7.8m。近几年来，五星级酒店多采用8m×8m、9m×9m的柱距，使客房越做越大，标准越来越高，其空间尺度越来越接近美国标准，当然舒适性也越来越好。

2.客房的使用功能分区

按照常见标准间的做法，客房一般分为：睡眠区、工作起居区、壁柜及过廊、卫生间这4个分区(图5-6) 。

表5-6是五种不同柱距的标准客房的对比表。

酒店客房数量对比参见表5-7。

表5-6 五种不同柱距的标准客房的对比表

柱网 \ 区域	7.2m	7.5m	7.8m	8m	9m	10m
睡眠区	6m²	6.5m²	6.5m²	7m²	8m²	10m²
工作起居区	10m²	11m²	12m²	13m²	16m²	22m²
壁柜及过廊	3.0m²	3.3m²	3.8m²	4m²	4.5m²	5m²
卫生间	4.0m²	4.4m²	4.6m²	4.8m²	7m²	10m²

注：以上面积指标为房间内的净面积。

表5-7 酒店客房数量比较表

客房形式	华芳金陵	南通有斐	义乌锦都	太湖国际(一期)	太湖国际(二期)	御龙山庄	成都万达
双床标准间	176间	136间	140间	218间	2间	80间	162间
单床间	178套	80间	98间	／	13间	58间	61套
二套间	10套	18套	10套	62间	2套	／	23套
部长套间	4套	3套	2套	／	1套	／	15套
总统套	1套 447m²	1套 200m²	1套 400m²	／	1套 465m²	／	1套 443m²
客房总套数	369套	238套	251套	280间	19套	138套	262套
客房楼层数	14层	12层	14层	5层	2层	4层	18层
床位数	546位	375位	392位	350位	26位	216位	426位

图5-5　广东中山喜来登大酒店客房

四、内部管理功能区分析

　　酒店能否正常经营，很大程度上取决于酒店行政管理与后场区域的设计是否合理。酒店管理层为员工提供各种服务和指导，员工则分为两类：一类员工直接为客人提供服务，如前厅部、管家部、餐饮部；一类员工间接为客人提供服务，他们保证酒店的各种设备正常运行，很少与客人见面，如工程部、厨房部。酒店设计亦要为这几部分的酒店人员安排好工作环境。我们通常称为酒店后场设计。酒店内部管理功能区约占酒店总面积10%~15%。酒店内部管理区功能示意如图5-6所示。

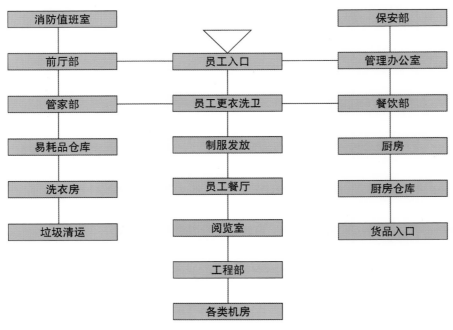

图5-6　内部管理区功能示意图

　　总服务台是所有办公部门中，最直接面对客人的部门，它的布局分为前台和后面的工作区，前台长度与客房数量的多少相关，一般以200间客房数为基点，也就是10m左右，客房增加，前台也相应要加长，客房减少，前台可短一些。前台后面办公室的面积计算公式：客房数×0.3~0.5m²。大堂前厅功能示意如图5-7所示。

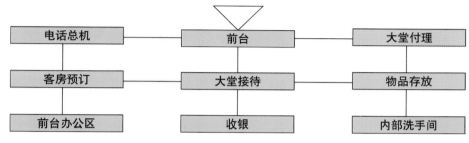

图5-7　大堂前厅功能示意图

　　行政管理办公区(图5-8至图5-10)主要由7大部门构成：人力资源部、销售部、公关部、餐饮部、管家部、财务部、秘书室。这几大部门常常是合在一起办公(亦有分开办公的)，行政管理办公室的装修与酒店的其他两个功能区一样重要，它对于增加员工士气、提高管理效率、提高酒店档次具有不可低估的价值。

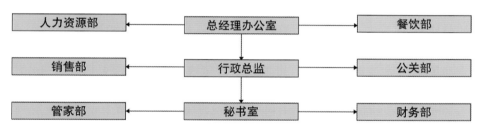

图5-8　行政管理办公室区示意图

图5-9　广州从化养生谷会客厅　　　　图5-10　广州从化养生谷客房

第三节　客房设计的研究

几个世纪以来，酒店的规模、品种、特点以无法衡量的速度快速发展，但其基本特征却依然像2000多年前的"驿站"那么简单而相似——住宿。无论宾客来源是多么复杂，开发商和设计师的创意多么丰富，酒店星级多么高档豪华，也无法改变这一个基本事实。

通常在城市商务酒店室内设计规划时，我们将其划分三个区块：①客房区块；②公共区块；③后场区块。客房区是酒店的主体部分，一般占酒店总建筑面积的65%左右。所以我们说酒店的室内设计主要是围绕客房设计来展开工作的。客房的设计成功了，整个酒店的室内设计就成功了百分之八十。我们对客房内部设计的研究，准备从如下6个方面来探讨：①客房的面积指标；②客房的空间分析；③客房的家私设施；④客房的隔声降噪；⑤客房的机电设置；⑥客房的用品用具。

一、客房的面积指标

标准间客房的面积对于整个酒店来讲是一个最重要的指标，甚至可以决定整个酒店的档次等级。从20世纪80年代以来，商务酒店设计中的客房面积是越来越大。

我们知道，客房面积的大小受到建筑的柱网的间距所制约。在酒店设计中，20世纪60年代开始，西方国家特别是美国对酒店客房开间多采用3.6m左右的宽度，这是因为他们当时的建筑柱网大多是7.2m×7.2m的。到80年代，这种方式流传到我国，从那时起，我国酒店的建筑大多采用7.2m、7.5m的柱网。按照一个柱距摆两间客房的设计来计算，客房的面积约为26～30m^2，到了90年代建筑柱网间距扩大到8～8.4m，这时的客房面积也扩大到36m^{2}左右。20世纪末到21世纪初柱网间距又扩大到9m，这时的客房面积约为40m^2，现在的新建高档酒店柱网间距一般为10m。所以客房面积加大到了50m^{2}左右(图5-11)。

客 房 发 展 演 变 图 示

	第一代	第二代	第三代	第四代
房间面积	20世纪80年代 26m^2	20世纪90年代 30m^2	2000年后 36m^2	2007年 50m^2
柱网间距	7.2～7.5m	8～8.4m	9m	10m
面积扩大比例	100%	115%	138%	192%

图5-11　客房发展演变示意图

图5-12 广州索菲特大酒店客房

综合国际国内的通行做法，我们对上述四个时期面积指标的房间的技术经济性能进行了一个比较。房间的开间在3.6m左右时，性价比(建筑成本与房间功能之比)最佳。全世界的城市商务酒店多半个世纪以来差不多都是沿用美国假日酒店创始人凯蒙斯·威尔逊设计的客房标准形式(我们俗称标准间)，这种房间一般宽度在3.6m左右，可在墙的一边安放两张单人床(Twin Room)或者一张双人床(King Room)，在另一面可摆放写字台，行李架，小酒吧，还有较为充裕的过道。客人躺在床上观看放在写字台上的电视时，观赏的角度和距离正合适。当时的"标准间"一般是7.2～7.5m柱网，层高为3m，面积为26m²，房间内的家具11件，卫生间的设施是三大件、六小件。这个标准从国外到国内持续了许多年，堪称经典(图5-12)。

如果将房间加宽到4m时，房间并不能多摆放一件家具。客人在房间内的活动并没有得到太大的改善。反而客人因观看电视的距离大于3m而感觉视觉疲劳。如果将房宽3.7m的客房的长度加长到6～10m时，则客人的活动空间加大许多。从建筑成本角度来讲，房间宽度扩大0.3m与加长1m的增加成本是差不多的，真正使房间的空间有较大的改善的是4.5～5m的开间。这时客房可以采取新的布局，打破了垄断大半个世纪的威尔逊标准间的做法，使客房设计具有明显的创意和豪华舒适感大大增加。这也说明了为什么3.7m左右开间的客房能持续六十年不败，而4m开间的客房十年不到就更新换代了。结论是：3.7m的开间或7.2m～7.5m柱网作酒店客房时其性价比最佳。但从发展趋势看，则4.5m～5m的开间或9m～10m的柱网所构成的客房空间、舒适感较受设计师的欢迎。

在2011年1月1日开始执行的国家标准《旅游饭店星级的划分与评定》(GB/T 14308—2010)中，对客房的面积也有非常明确的要求，具体如下：

第2.16.1条：四星级70%客房的面积(不含卫生间)应不小于20m²。

五星级　　　70%的客房的面积(不含卫生间和门廊)应不小于20m²

从表5-8至5-10中可以看出，客房面积大小与酒店产品的舒适度有着直接关系，而且与酒店星级评分直接挂钩。(本表摘自《旅游旅店星级的划分与评定》(GB/T 14308—2010))

表5-8　客房面积评分表

4	客房	191分			
4.1	普通客房		26分		
4.1.1	70%客房的净面积(不包括卫生间和门廊)			16分	
	不小于36m²				16
	不小于30m²				12
	不小于24m²				8
	不小于20m²				6
	不小于16m²				4
	不小于14m²				2
4.1.2	净高度			4分	
	不低于3m				4
	不低于2.7m				2

表5-9　客房卫生间面积评分表

4.10	客房卫生间		50分		
4.10.1	70%的客房卫生面积			8分	
	不小于8m²				8
	不小于6m²				6
	不小于5m²				4
	不小于4m²				2
	小于4m²				1

表5-10　步入式衣物储藏间面积评分表

4.3.2	衣橱			3分	
	步入式衣物储藏间				3
	进深不小于55cm，宽度不小于110cm				2
	进深不小于45cm，宽度不小于90cm				1

二、客房的空间分析

一般客房内分成三个区域：小走道、卫生间、客房。

1. 小走道

小走道是客房外进入客房内的过渡空间，在这个部分，我们通常会集合交通、衣柜、小酒吧等几个功能，从当今的设计趋势来看，似乎偏重强调交通功能，其他两个功能都有所转移。为了突出客房的"大"，在这个过渡空间的"形体塑造"上多采用"压"的方法，这也是所谓"先抑后扬"。让客人先通过一段层高低些的过渡空间，到了卧房区后会有一种豁然开朗的心理感受。所以这个空间的尺寸感上可能会偏低一些。压低走廊吊顶高度另一个好处是充分利用了走廊吊顶内的空间将空调的风机盘管、新风管、管线等都设置在此。小走廊的净宽度也有一个最低要求，即净空要达到1.10m宽。小于1.10m在使用上将会造成不便。现在的许多设计都通过各种方法来拓宽这一宽度，比如"硬性加宽"，有的设计将小走廊宽度达到了1.3m(多发生在房间净空大于4.1m以上时)，这种手法虽然加宽了小走廊但却压缩卫生间的空间。为了不减小卫生间的面积，可采用"视觉加宽"，即在小走廊的立面上使用镜面或玻璃，利用其反射性或通透性来增加空间扩张的心理感受。使客人在经过小走廊时的舒适度提高。还可以采用"空间交融"：将小走廊与卫生间的墙体处理成移动隔断门，当卫生间不使用时，将移门打开，将卫生间的空间融入小走廊的空间之中，来达到扩大空间的作用。由于移门的使用，使得如酒吧、衣柜等这些功能只好被转移到其他空间之中。在传统的客房设计中，这两个功能总是依傍在小走廊空间里的，而且目前的大多数酒店仍是如此，因为从客人进入客房的行为流线考虑，这种安排亦是合理的。

小走廊与卫生间争空间产生了矛盾，正是因为这一对矛盾的存在，为设计之窗的开启留下一大片天空，卫生间如何设计？隐私性如何处理？都给许多设计师提供创意和发挥灵感的机会。

2. 卫生间

客房设计好了，整个酒店的设计成功了80%，客房卫生间设计好了，客房的设计也成功了80%，客房卫生间的重要性不言而喻。

我们将卫生间分成两个区：干区和湿区。四个功能：淋浴、浴缸、座便、洗手台(有的酒店的客房卫生间还增加了化妆台功能)。除了要求满足上述功能外，最重要是要方便使用，干区与湿区的分割要合理，卫生间内的流线设置顺畅，客人使用方便安全。

湿区的设计包括淋浴、浴缸。淋浴空间要求封闭，客人在洗澡时，水不能溢出到外面。人性化设计的细节处理使我们非常注重湿区的淋浴设计，如地面防滑问题；排水通畅且地下排水口隐蔽的问题，在1m²左右的小空间中设置小石橙，以方便客人搓澡，浴液盒的大小、位置、高度也须仔细考量，要特别计算客人在淋浴间动作所需的基本空间。与淋浴间的客人是站着活动的设计相对比，浴缸区的设计是考量客人是躺着活动的特殊要求，浴液、皂盒和手持花洒的位置、浴缸拉手的长度、高度，浴缸溢水的处理等，都必须依照人体功能学的要求来设计。浴缸的五金龙头安装位置不要阻碍客人的活动。

干区的功能包括座便和洗手台，洗手台的设置上按原有的功能外增加了小电视机，当然放大镜、110V连体插座、电吹风等作为保留项目依然是设计师下工夫的地方，挖空心思地作一些花样的是陶瓷洗脸盆与台面的关系，或台下盆、或台上盆、或一半台上一半台下的处理。由于在洗手台上要放置一些日常洗漱用品，故要有一定的长度，设计的实践证明，其长度不要小于1米(图5-13)。座便处的处理最好是将其隔成一个独立的小空间，单独为它设门，这样当卫生间的墙体改为移门后，座便的私密性依然良好。在座便器的空间里加设书报夹、电话和SOS。

高档次的卫生间需要有哪些必备的项目，在国标《旅游饭店星级的划分与评定》标准中已经有明确的要求：

图5-13　深圳欢乐海岸万豪公寓

四星级：客房内应有装修良好的卫生间。有抽水马桶、梳妆台(配备面盆、梳妆镜和必要的盥洗用品)、浴缸或沐浴间，配有浴帘或其他防溅设施。采取有效的防滑措施。采用高档建筑材料装修地面、墙面和天花板，色调高雅柔和。采用分区照明且目的物照明效果良好。有良好的降噪声排风设施，温、湿度与客房适宜。有110/200V不间断电源插座、电话副机。配有吹风机。24小时供应冷、热水，水龙头冷热标志清晰。设施方便宾客使用。

五星级：客房内应有装修精致的卫生间。有高级抽水恭桶、梳妆台(配备面盆、梳妆镜和必要的盥洗用品)、浴缸并带沐浴喷头(另有单独沐浴间的可以不带沐浴喷头)，配有浴帘或者其他有效的防溅设施。采取有效的防滑措施。采用豪华建材装修地面、墙面和天花板，色调高雅柔和。采用分区照明且目的物照明效果良好。有良好的无明显噪声的排风设施，温、湿度与客房无明显差异。有110/200V不间断电源插座、电话副机。配有吹风机。24小时供应冷、热水，水龙头冷热标志清晰。所有设施设备均方便宾客使用。

在卫生间安装的四大件主要设施的尺寸应保证大于或等于下列尺寸：

(1) 坐便器。坐便器前方应保持50cm的空间，左右应保持大于30cm的空间。厕纸盒、电话副机、SOS按钮应设置在座便器前方的右侧客人伸手可以够到之处，约为25cm。厕纸盒距地约65cm，SOS按钮跟地约75cm，电话机跟地约90cm(图5-14)。若配有书报袋、手机搁板时，其安装尺寸亦应适合客人随手取用的位置。

图5-14　坐便器的安装

(2) 浴缸。在标准间的卫生间中，大多的浴缸长度尺寸为大于150cm，小于170cm，宽度为78cm左右，高度为42~45cm。浴缸上下客人的一边要留有大于60cm宽的活动空间，浴缸龙头安装在墙上时距浴缸底76~86cm。安全扶手距浴缸台面高度为25cm，其长度要大于60cm。

(3) 沐浴。沐浴一般为两种安装方式：一种是安装在浴缸上方，其花洒头距浴缸底保持185cm以上，另一种是单独设沐浴区，其花洒头距地面约200cm。沐浴龙头的中心距地110cm。肥皂架(板)距地约135cm。沐浴间的最小尺寸为90cm×90cm。

(4) 洗面盆。洗手台的高度一般为84cm，台面深度不应小于55cm或大于61cm，而且在台盆前应留有不小于60cm×90cm的空间方便客人洗漱。

卫生间的六小件的安装尺寸要求：

①浴巾架一般距浴缸底150cm；

②毛巾架一般距地面为130cm；

③晾衣绳距地面170cm；

④厕纸盒距地面65cm；

⑤放大镜中心距洗手台台面60cm；

⑥浴帘杆安装高度为190~200cm。

3. 客房

客房大致也分为三个功能：睡眠、起居、工作。

写字台作为商务酒店客房的主要设施之一，它具有一种象征的意义，在休闲度假酒店中写字台不应那么正式或摆的位置不能太显眼，但城市商务酒店的客房陈设中，除了床外，就是写字台要作为重要设计要素之一了。我们之所以强调它的尺寸、高低、形状、颜色、材质等，都是因为商务酒店的主要功能之一——"商务"。商务工作用的写字台是其标志性的设施。

工作区的写字柜台已不是过去单一的书写功能了，而是把电视机、音响(大多数的五星级酒店客房设置低音箱与电视机连接，其音响效果更佳)、写字功能，小酒吧、保险箱、行李架组合在一起。把过去的单件构成一个整体，书写台的组合形式因其尺度大，所以其款式、材质、颜色决定了整个房间的装修风格。陈设方式也从过去的"面壁书写"到现在"面向房间书写"。

睡眠区是室内设计师下工夫最多的区域之一。无论是King Room的大床还是Twin Room的双床，最要紧的是床背板和床头柜的设计，无论形式上和材料上有什么样的变化创新，有一点是要特别注意的就是要与写字台的款式和材料相吻合，设计元素要有联系。床垫规格尺寸、软硬度的要求直接体现出客房的舒适度，一般情况下的设置是较为中性，不软不硬，垫子的弹性好，但另配置一部分10cm厚的软垫子以备不时之需。

近年来，客房内的起居功能设计有了较大的改变，20世纪八九十年代，这个区域往往是两个沙发加一个茶几，再配上一个落地灯。而当今则更多地强调"商务"这个立意，沙发的布艺颜色、材质可以独出心裁地与房间内的其他布艺大不相同，甚至两件沙发的款式、布艺也各不相同，这非但不会破坏房间的整体感，反而更富有生气，更具有"家庭"感，客房的设计创新往往就是从这些摆件开始的，当然如果要说到空间上有大的创意的话，那就是在客房的设计中增加了一个阳台，把室外空间拉入室内来，突破了几十年来一成不变的客房空间感，打破封闭性。客房要将睡眠、工作、起居几个功能综合起来设计，在其中应容纳1～4人，同时可发生几项活动。设计师通过技术处理将一些功能区分隔或合并，来增加客房对不同客人的适用性。

三、客房的家私设施

在客房中除了固定家私(如衣柜、酒水吧、洗手台）之外，更多的是活动家私(图5-15）。

(1) 基本的活动家私。

①床(两张床1.35m×2m或一张大床1.8m×2m）；

②床头柜(1～2件) 基本尺寸50cm×60cm×50cm）；

③书写台、电视柜、行李架或三个功能连体的书台(长度在3m以上）；

④写字椅(1～2件）；

⑤沙发(1～2件) 或躺椅(1件）；

⑥茶几(1件）；

⑦化妆凳(1件）。

(2) 客房的设施。

客房的设计中除涉及给排水、强弱电、空调暖通、消防报警等专业的设备之外，与客人直接使用有关的设备如下：

①小冰箱(50升以上）；

②电视机(最好是37寸以上的薄型电视）；

③保险柜；

④低音箱；

⑤音响；

⑥电水壶；

⑦可能的条件下可设置一台台式电脑或备用一批可供客人使用的手提式电脑。

(3) 卫生间的设施。

①淋浴器，花洒头最好直径大于25cm，带有水流调节和水温调节系统的龙头；

②浴缸，不小于1.5m×0.78m，并带有手持花洒头；

③洗手盆，带有可调节水流、水温的龙头；

④坐便器，最好是低噪声涡旋式连体水箱；

⑤毛巾架、浴帘杆、浴巾架、肥皂、厕纸盒、漱口杯架、漱口杯、电吹风、书报袋、SOS、晾衣绳。

(4) 客房入户门。

无论户型如何变化，室内陈设物如何新奇，无论设计师挖空心思搞什么样的创新，有一个部件是永恒的，这就是客房的入户门。

"门"是大家都司空见惯的物件，看似简单，其实内装玄机，几种数据不容忽视。

图5-15　苏州独墅湖会议酒店客房

门的高、宽、尺寸数据：

在过去几十年来，许多设计师把标准图集上的门的尺寸奉为经典：这个尺寸一般是210cm×100cm，为门的洞口尺寸，安装了门樘之后，门扇的净尺寸就只剩下203cm×85cm。而现在我们为五星级酒店客房设计时，入户门的尺寸已经大大改变了，一般情况下是230cm×110cm的门洞尺寸，安装门樘之后，门扇的净尺寸为223cm×100cm。许多情况下，只要现场的层高允许，有时候我们把门的高度提高到240cm。这样做的主要目的是以投入较少的资金来提高客房的档次。人在进入客房的一瞬间，门的形式感传达出的信息就会给客人一个高贵的认知。

门的设计是体现客房个性化的一个重要部件。

客房入户门的厚度不少于5.1cm的实心木门，隔声效果不低于43dB(分贝)，三个以上的12寸合页固定，门上端装有暗式或明式闭门器，下端装有自动隔音条，周边贴有隔音毛条，门板上装有猫眼、防盗链。门锁带插卡电控系统。特别要提示的是靠房间内侧的门扇上一定要有消防疏散指示图。外侧一定要有房门号码。

四、客房的隔声降噪

声学研究表明，正常情况下，人耳接受声音范围的声压级在40~80dB。超过这个范围，将会给人带来烦恼或损伤。人们在房间中不同的活动对噪声的控制的程度有所不同。人在睡眠状态下，屋内的噪声值控制在30dB以下较为理想，看书学习时的噪声值不要大于40dB，少数人一起交谈时的噪声值最好在55dB以内。在房间中，噪声控制在30~45dB是较合适的。客人会感到宁静、舒适。高于或低于这个数值都将有负面作用。所以客房必须做隔声降噪处理(图5-15)。

在《民用建筑隔声设计规范》(GB50118—2010)中对客房的噪声和隔声提出的标准见表5-11至表5-15。

表5-11　室内允许噪声级

房间名称	允许噪声级(A声级　dB)					
	特级		一级		二级	
	昼间	夜间	昼间	夜间	昼间	夜间
客房	≤35	≤30	≦40	≤35	≤45	≤40
办公室、会议室	≤40		≤45		≤55	
多用途厅	≤40		≤45		≤50	
餐厅、宴会厅	≤45		≤50		≤55	

表5-12　客房墙、楼板的空气隔声标准(dB)

构件名称	特级	一级	二级
客房之间的隔墙、楼板	>50	>45	>40
客房与走廊之间的隔墙	>45	>45	>40
客房外墙(含窗)	>40	>35	>30

表5-13　客房间、走廊与客房之间以及室外与客房的空气隔声标准(dB)

房间名称	特级	一级	二级
客房之间	≥50	≥45	≥40
走廊与客房之间	≥40	≥40	≥50
室外与客房	≥40	≥35	≥30

表5-14　客房外窗与客房门的空气隔声标准(dB)

构件名称	特级	一级	二级
客房外墙	≥35	≥30	≥25
客房门	≥30	≥25	≥20

表5-15　客房楼板撞击声隔声标准(dB)

构件名称	特级	一级	二级
客房与上层房间之间的楼板	≤55	≤65	≤75

注：特级，五星级以上的旅游饭店及同档次的旅馆建筑；一级，三、四星级的旅游饭店及同档次的旅馆建筑；二级，其他档次的旅馆建筑。

由于人身的视听是对在40dB以上的声音才有反应，35dB以下的声音一般人难以分辨，而在五星级以上的酒店中，客房的噪声允许值是在35dB以下，故我们理解实际上不允许有影响客人的噪声存在。

那么在客房中存在哪些噪声源？我们在设计和施工中如何来降噪？见表5-16和表5-17。

表5-16　来自房间内部的噪声源及其处理措施

噪声源	降噪措施
①客房空调系统中的风机盘管在送风时气流与风管壁、风机盘管产生的摩擦噪声 ②风机盘管电机的高速转动噪声和震动声	这类噪声的处理更多的是从设备选择上来考虑，主要来源于风机盘管，在30m²的客房中我们常采用的双管或四管的风机盘管。其风量每小时大约为600~800m³，根据新国标的规定，此种规格的风机盘管的噪声值大约控制在44dB上下。如果在风机盘管的选型中，对产品提出一些较专业的技术要求，降低一些噪声值是完全可能的。比如： (1) 在机组中采用了高效低风阻的2排换热器，取代了3排换热器，降低机内阻力，减小电机功率，从而降低噪声 (2)在机组的关键部位采用消声材料，如顶板采用蜂窝状的吸声板材可降低噪声 (3) 在回风箱内采用消声混合箱技术也可降低噪声 以上3点是针对风机本身的技术指标而言的，在风机之外也有两个方面可以降噪：①是风机盘管的安装方面，宜用弹簧吊杆，当风机启动由于电机转速达到高速时，风机会整体震动，若用普通吊杆固定在建筑顶板上，就会由于共振而产生噪声，用弹簧吊杆可降低共振。②是当风机的气流高速冲出风管时，容易产生气流声，一般情况下是在用马口铁皮做的风管内壁垫衬无纺布来降噪在风管与风口之间采用软体材料来制作软管与风口相连，当气流高速流动时产生的噪声值也将降低，在正常情况下经过风机盘管本身的技术处理和安装时的技术措施，风机的噪声可降低15%~25%，达到或接近客房的允许噪声级的标准
③坐便器上下水时产生的噪声；下水管在落水时产生的噪声	在坐便器选型时，要查看其检测报告或使用说明，每次上水时间应控制在20秒之内且噪声小，要达到这个指标，坐便器的选择上有两种类型值得关注：一是水箱入墙式座厕，上下水管均埋在墙体之内，且水管外壁用吸音材料包裹严密。二是水箱连体式坐厕。上水时水体涌进水箱内流程短，无落差属于静音型。坐便器排水常用的两种形式：螺旋式、虹吸式。螺旋式的噪声小，但排力也小，不易一次冲洗干净；虹吸式噪声大，但排力也大。冲洗干净的状况好一些。这两种状态应在选型时综合考虑。下水管的噪声是水流流动引起的，一般情况在建筑设计时采用同层排水设计，可降低噪声。若是下层排水，则应使用吸声材料将暴露在楼板下的水管、弯头包裹起来，降低噪声

表5-17　来自房间外部的噪声源及其处理措施

噪声源	降噪措施
房间楼层有许多管道是穿过隔墙进入到各个房间。相邻卫生间的隔墙上也常有管道互通的情况，这也是噪声传入的来源之一	风管、水管穿过隔墙，带起安装完毕后，对孔洞进行专业封堵，隔墙两侧的水泥抹灰厚度需保持20mm，中间采用吸声材料填充压实，防止声音传入，风管、水管在安装时必须采用吊挂件吊装，不得放置在墙体之上，以避免共振产生低频噪声
室外噪声透过幕墙与隔墙、楼板的缝隙或经外墙外窗传入室内	通常情况下，窗比墙的隔声要差，含窗外墙的综合隔声降噪效果主要由窗决定，要尽量提高窗的隔声值。提高围护结构综合隔声效果的措施：一是提高窗的隔声性能，窗的隔声指标值≥30dB；二是控制窗墙比≥40%。对幕墙与隔墙、楼板的缝隙要用隔声材料封堵

(1) 客房门：客房门的隔声效果要从三个方面去处理：

● 门的厚度和密实度。客房门一般要采用实心门，对经过阻燃处理的木材做成门的实木芯后再在面层高压贴实木皮。此时要注意门的厚度一定要在5cm上下。只有在一定的厚度、密实度的条件下，才能起到隔音作用。

● 门缝的处理。客房门的子口深度一般要达到1cm，且四个面要装隔声条。门在关闭状态下，门的上、左、右应严密，门与门樘的咬合平顺，门缝小于1.5mm，门的下端离地不能大于0.2cm。而且要安装自动隔音毛条；客房门的隔声效果不应小于40dB。

● 房间门要安装闭门器，防止关门时产生强烈的碰撞声。闭门器有明装、暗装两种方式。客房门锁也需特别检验其隔声性能，锁孔要小为好。

(2) 隔墙：房间隔墙材料多用轻质加气块或泡沫混凝土块，使用此种材料应对其密实度和容重进行比较。容重大的隔音效果好，而且在砌墙后一定要在墙体上两边抹灰0.2cm厚以增加隔音效果。同时墙体的处理上要防止对穿的孔洞。一个0.2cm直径的对穿孔，透过来的噪声达到3dB左右。

(3) 楼板：客房地面一般情况下是没铺地毯，地毯是隔声吸声材料，对楼板面的隔声能起到良好的作用。

在用的客房中，小走廊是铺石材，或木地板等硬质材料在这种情况下楼板面应在准备铺装硬质材料的板底先做一层减振层约1cm厚可采用隔声垫块，其上再铺5cm厚的灰砂结合层这样石材面上的撞击声不会传入到下一楼层。

五、客房的机电设置

1. 客房的照明

客房灯光照明多采用功能照明与装饰照明、一般照明与局部照明、分区控制与集中控制相结合的方式。照度要舒适，安装要便捷，使用要安全，避免眩光，照度均匀稳定，光色柔和，显色性强，营造出一种温馨的氛围(图5-16) 。客房基本照度标准见表5-18。

图5-16　北京益田影人大酒店标准房

表5-18　基本照度标准

	区域	照度(Lx)	显色性	备注
客房	小走廊	50～100	70	
	一般区域	75	70	
	壁橱	100	无要求	
	写字桌	300	70	可调光
	床头阅读区	150～300	70	可调光
	接待区	75～150	90	可调光
	穿衣镜	150～200	90	顶光与侧光相结合
	化妆台	300	95	顶光与侧光相结合
卫生间	一般区域	75	70	
	淋洁房	75	70	
	洗手台	300～500	90	顶光与侧光相结合

2. 客房的综合布线系统

综合布线系统应功能合理，操作简单可靠，能保证长期运行的安全性、可靠性，低成本，又要符合现代科技发展的需要。系统要能够支持数据通信，语言通信，多媒体通信，各种控制信号通信。在客房内能够为客人提供电话、电视、宽带上网等服务功能。

(1)客房内具体点位设置。客房内一般应在近床柜、写字桌、卫生间坐便器放置一个语音点，具体位置应与客房的室内装饰设计结合起来。

除卫生间内语音点可与床头语音点并线处，其他点位都应独立布放水平线缆至楼层语音配线架。在写字台旁设置一个数据点，为客人提供宽带上网服务。同时建议在电视机安装的后墙上布放数据点位，其水平线缆至楼层配线间，应采用CAT6或更高性能的

UTP线缆敷设，以便更好地满足VOD点播的要求。

(2)闭路电视系统(卫星电视、各地有线电视)。卫星电视与有线电视接收、传播系统设计可以采用860MHz频率双向传输系统，接收国家广电总局允许收视的卫星电视节目和各地有线电视节目，考虑到系统的安全备份及一些特殊要求，系统需要设计两套卫星接收系统。系统设置强调实用化，技术应是先进的并具有与有线传播网络兼容性，在体现酒店整体特色的同时注意系统设置的经济效益。

3. 客房的电气控制

- 通过节能钥匙盒识别不同身份的卡来记录客房状态信息，客房状态实时的反映到相关管理部门；
- 插入客房门卡，系统根据控制程序，分不同时间段自动点亮灯具，受控电源插座通电，同时客房空调受控于墙控面板，可从15℃~32℃随意选择空调温度和风速；
- 取出卡，延迟一段时间后，自动切断全部指定的灯具，切断客房内所有受控电源，自动启动空调系统进入空客房保持温度工作状态。

4. 客房灯光控制

- 开启客房门后未插入钥匙卡时，可自动开启廊灯。插入钥匙卡后关闭客房门将自动关闭廊灯，自动打开指定灯具；
- 客房每个床头柜处设置一个总电源开关，一个床头阅读灯开关和一个夜灯开关，总制开关可以关闭客房内所有灯具(包括台灯、落地灯)，同时打开夜灯，床头阅读灯开关需要具有调光功能(图5-17)；
- 客房每个床头柜处设置的开关其安装位置在墙上，但开关具有的安装尺寸、位置、选择的式样、颜色应该有内装饰设计时统筹考虑；
- 其余开关安装位置应根据具体灯具使用功能要求和开、关的方便性为原则进行安装。

图5-17 上海恒安瑞士大酒店客房

5. 空调风机和空调电磁阀控制

- 当客人办理入住手续后，相对应的客房空调进入满负荷运行状态，以保证客人进入客房时有一个比较舒适的温度环境；
- 当插入节能钥匙卡后，客房空调受控于墙控面板，可以15℃~32℃随意选择空调温度，也可以调节风速；当取出节能钥匙卡后，自动启动空调系统进入空客房保持温度工作状态(制冷28℃，制热14℃)，实现对空调风机和空调电磁阀的逻辑控制；
- 当客人关闭床头总电源开关睡觉时，客房空调进入睡眠节电模式，延迟半小时后，空调温度将在客人设定温度的基础上自动升高2℃(制冷) 或降低2℃(制热)；
- 对于空置客房由网络控制程度控制客房空调系统关闭。

6. 服务功能开关

- 通过系统控制程序实现门铃与请勿打扰功能的互锁；
- 通过系统控制程序实现清洁按钮和请勿打扰显示按钮互锁；
- 客房卫生间设置请稍候按钮，门口设置稍候提示；
- 客房衣橱内设置洗衣服务按钮，同时门口设置洗衣要求提示；
- 卫生间设置紧急呼叫按钮，直接联网到酒店保安部。

7. 客房电话机

客房一般在床头柜和卫生间坐便器旁设置电话分机。电话分机应与酒店内的程控交换机的复式计费系统相连。计费软件应具有完整的全国公用电话网络的计费标准，计费内容主要包括：通话起止日期，主叫号码，被叫号码，呼叫类型，时长费率并能提供话费查询，分时话费打印输出的功能。交换机应连接到酒店结算系统的接口，将客人的电话记录，客房清理状态信息，客房消耗品的消费情况等达到结算系统中。以便于前台能及时掌握客房的入住/退房及消费情况。

酒店内的交换机针对客房服务而言至少要设置提供6种客房状态服务：自动叫醒，呼叫姓名显示，客房状态，请勿打扰，点亮留言灯。受控服务等级显示。以此来提高管理效率。

8. 客房电子门锁系统

系统功能要求：

- 酒店客房门锁的门锁机构要求；
- 钢制锁钮的厚度不小于1英寸，以保证机构的安全可靠；
- 轴承应采用自润以延长使用寿命；
- 所有的锁榫头必须达到ANSI和EURO的锁头标准；
- 锁的结构应为模块设计，以便拆卸和维护；
- 必须满足3小时以上的耐火测试；
- 锁内的记忆内存可以容易的将锁的电子控制程序进行现场升级而无须更换昂贵的硬件机构；
- 锁内微电脑芯片可判断各种开门卡片的权限，实现多级管理；

- 锁内可以记录至少100条开闭记录；
- 锁内时钟与系统设置同步，无误差，不会造成房卡提前或滞后失效；
- 电子机构必须封闭安装在锁误的机构内部而不能被轻易接触，以增加锁的安全性；
- 应有高安全性的应急机械开锁装置，只有专用工具才能打开，并制作方便；
- 应使用标准的AA或AAA电池，并且长时间闭锁无须耗电以节约电能；
- 读卡头工作必须简单、可靠、高性能，经历减少对介质的磨损，并且能满足1万次以上的读卡无故障要求；
- 门锁手柄符合人机功效并满足无障碍使用要求；
- 门锁介质可以采用磁卡，门锁介质可通过设定分为多种，各酒店可根据自己的实际需要，发行相关权限的门卡。

9. 客房的热水，直饮水供应

客房的常温水系统的供水应能满足客人在房间内的生活所需，常温水压一般取自当地城市供水管网的正常水压。用水量按设计要求。客房卫生间的设备在考虑美观耐用的同时要考虑节水。

热水系统供给客房的取水点的温度应不低于55℃，热水系统应采用循环水系统，确保24小时热水供应，热水分区与冷水一致，以确保各区域冷、热水水压平衡。热水系统宜采用同程式循环系统以确保所有环路水头损失相同。热水供水管设计流速不大于2.0m/s，回水流速不大于1.2m/s。

直饮水系统：

在有条件的地方，酒店客房内可设置直饮水，直饮水的取水点一般在卫生间洗手台上。酒店内饮用水应采用独立的水路系统，其水处理应确保长期运行条件下能够持续供给完全符合国家相关饮用水标准的直饮水。

排水中应注意的重点问题：

根据多年的工程实践来分析，卫生器具排水管与楼板的接合部位一向是薄弱环节，存在严重质量通病，最容易漏水，所以我们在施工过程中强调排水管连接的各卫生器具的受水口和主管均应采取妥善可靠的固定措施，管道与楼板的接合部位应采取牢固可靠的防渗，防漏措施。

10. 消防广播与背景音乐系统

酒店内应设背景音乐和紧急广播系统。背景音乐系统与酒店消防报警系统联动切换。消防广播的扬声器与背景音乐的扬声器互为兼用，一般都安装在床头柜内或客房小走廊吊顶内。扬声器的功率一般为1w。由于消防广播系统与背景音乐系统是兼用的，故消防报警信号在系统中应具有最高优先权，应具备切断背景音乐和客房音响等状态的功能。

11. 烟感报警系统

根据国家建筑设计防火规范(GB50016—2006) 11.4中第8条要求"总建筑面积大于3000m²的旅馆建筑要设置火灾自动报警系统和自动喷水灭火系统。

在酒店客房内应采用烟感探头的自动报警装置，一般而言，每个标准间设置一个。

12. 自动喷水灭火系统

在每间客房内均要求设计自动喷水灭装置，一般而言，两个喷头的间距不宜大于3.6m。根据室内设计的要求，其喷头的设置可以是顶喷，也可以是侧喷。

六、客房用品、用具

客房除室内装饰和安装工程所需的各种材料设备之外，为让客人能在其中舒适的生活和工作，还需准备下列生活用品、用具(表5-19)。

图5-18至图5-25是由著名设计师邓承斌和成湘文为某五星级假日酒店所做的设计方案及效果图。

表5-19　客房低值易耗品清单

1.客房布草			
棉被	枕套	羽绒枕	白色棉制手巾
被套	内枕套	白色棉制面巾	白色棉制地巾
床单	洗衣袋	白色剪绒浴袍	

2.客房用具			
冰夹	保险箱	小闹钟	防烟面罩
皂碟	酒水杯	木衣架	酒水价目夹
冰桶	鞋筐	资料架	浴室人体秤
手电筒	茶勺	咖啡杯垫	擦手纸巾盒
烟灰缸	鞋拔	平底水杯	熨斗/熨板
小冰箱	购物袋	电吹风筒	房间垃圾桶
洗衣袋	茶杯垫		

3.客房印刷品		
便签	客人信签	客人信封
明信片	请勿打扰牌	整理房间卡
洗衣单	开床服务牌	顾客意见表
服务指南	酒店宣传资料	酒吧价目表
留言指南		电视节目指南

4.一次性可用品		
拖鞋	润肤露	洗发液
面巾	剃须刨	袋装红茶
杯盖	爽身粉	香皂牙刷
浴帽	针线包	小垃圾袋
火柴	卫生纸	袋装绿茶
梳子	护发素	大垃圾袋
擦鞋布	漱口水	袋装咖啡(3g)
沐浴露	圆珠笔	棉签卫生带
白糖(袋装)	指甲锉	袋装咖啡伴侣

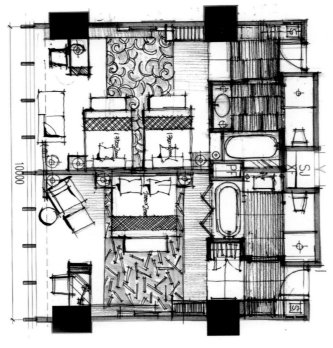

图5-18 客房手绘方案

A立面

B立面

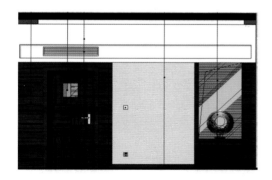

C立面

D立面

图5-19　标准房立面图

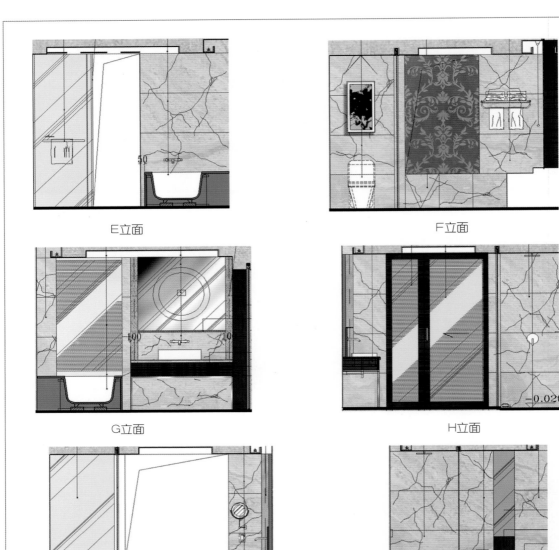

E立面　　　　　　　　　　　　　F立面

G立面　　　　　　　　　　　　　H立面

I立面　　　　　　　　　　　　　J立面

图5-20　标准房卫生间立面图

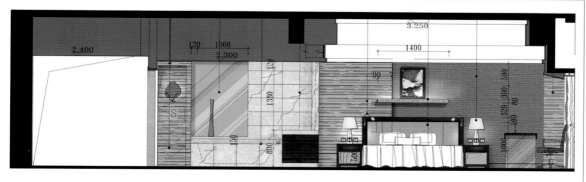

A立面

B立面

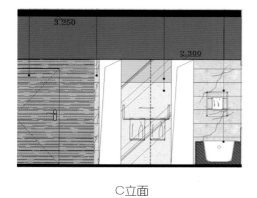

C立面

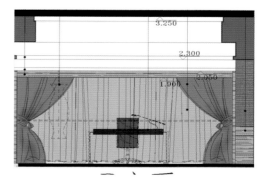

D立面

图5-21 大床房立面图

图5-22　标准客房效果图

图5-23　标准客房卫生间效果图

图5-24　大床房效果图

图5-25　大床房卫生间效果图

单元训练与拓展

1. 作品欣赏

详见本章范例图。

2. 课题内容：客房设计

● 课时：二周共48课时，(其中草图设计10课时，老师点评。正式画图20课时，效果图12课时，设计说明、材料样板6课时)。

● 教学方式：在第二章提供的五星级酒店的建筑图纸中选择一个标准间房型作为设计依据，老师讲解分析一套客房设计图纸，由学员自行完成一个完整的客房设计方案。

● 教学要点：

(1) 整体性设计原则；

(2) 功能性设计原则；

(3) 色彩搭配技巧。

3. 作业要求

(1) 客房平面图、地面图——A3图幅；

(2) 客房天花图——A3图幅；

(3) 客房八个立面图(卫生间四个立面、房间四个立面)——A3图幅；

(4) 客房门大样图——A3图幅；

(5) 酒水台大样图——A3图幅；

(5) 衣柜大样图——A3图幅；

(7) 设计说明文字；

(8) 彩色效果图(手绘、电脑图均可)——A3图幅。

4. 训练目的

要求学生掌握一定的设计能力，了解设计的整个过程，在将来进行设计企业管理或设计项目管理时成为合格的内行人才。

5. 相关知识链接

刘盛璜．人体工程学与室内设计[M]．北京：中国建筑工业出版社，2004．

第六章

案例与分析
——三个酒店案例分析

本章要点

  主题酒店的建筑面积在五万平方米之内，其主题设计元素的使用频率对人的脑电波能产生较为积极的反映。若建筑单体太大则可能会因为主题设计元素使用频率过高而产生"审美疲劳"或其设计元素与某些特定空间功能不太相符。故采用"个性空间"的设计方法与"主题酒店"相辅相成，其特点是"对比产生强调"、"丰富吸引眼球"。

本章要求和目标

  ◆ 要求：在设计领域内一个合格的管理者不仅要有自己动手的能力，更要有自己独到的眼光，而不人云亦云。这个眼光来自于多看多学、多思多想。从国内优秀作品中吸收营养，并能举一反三，触类旁通。

  ◆ 目标：培养学生眼到、心到、手到的学习能力，通过认真观察引起深层次思考，能上升到一定的理论层次并进行归纳整理。

第一节　主题酒店与个性空间
——深圳华侨城洲际大酒店

一、主题酒店

　　在日趋白热化竞争的酒店业发展之中，主题酒店焕发出来一种新的活力，相对于之前的传统酒店而言，具有不可比拟的优势。从设计概念的角度来谈"主题酒店"，我们将发现它是文化资源向文化资本转化的一种容易吸引人们眼球的酒店设计形式。它以某种独特的个性化的文化特征来表现酒店的建筑风格和装饰艺术。围绕着特定的主题来展开与酒店相关的如建筑设计、室内设计、艺术品陈设、服务定位等工作，以特定的文化氛围让客人享受到富有个性的心理体验和感受，以个性、差异性替代大众性，让陶醉其中的客人获得欢乐、知识和刺激。

　　主题酒店的主题因满足了顾客的心理需求，进行了文化产品的创新和开发，实现了"创新价值"，因而增加了酒店的核心竞争力和品牌影响力。

　　从国外的许多文献中，我们可以找到相关资料，"主题酒店"的开发已有近50年的历史，但在国内也是近十年来才兴起的。2006年我们在深圳承建的华侨城洲际大酒店是一个由中国人投资、中国人设计、中国人建造的民族品牌的度假型主题酒店。

　　这个酒店的室内装饰工程是由深圳华侨城酒店集团投资开发，香港设计大师陈俊豪设计，深圳长城家具装饰工程有限公司施工的。

　　在这里要特别提到一个人——聂国华先生(原华侨城酒店集团董事长)。这个酒店建造的各个阶段的策划与实施都渗透了他的智慧与心血。

　　洲际大酒店地处深圳市华侨城片区，毗邻世界之窗、欢乐谷、民族风情园，是一家典型的度假型酒店。地上八层、地下三层，共计11万平方米。作为一家度假型主题酒店，从建筑装饰设计角度上来看，除了满足使用功能之外，重点要考虑：

　　①选择什么样的主题；

　　②怎么样来表现主题。业主方与建筑设计大师龚树楷、室内设计大师陈俊豪及众多的顾问团队多次磋商，确定为"西班牙主题风格"。这一主题与华侨城酒店集团的企业的"旅游"性质和酒店所处大型游乐区域内的地理环境十分吻合。剩下的就是如何来表现主题了。

　　如何来表现主题呢？在酒店室内外装饰设计上，设计师们主要采用了与西班牙有关的四套符号系统：航海、斗牛、建筑艺术和民间艺术。

　　西班牙位于地中海之滨，是一个以航海著称的国度，表现"航海"也可以说抓住了西班牙的特征之一。如何表现？"海船"、"波浪"具有相当的表现力。

　　陈俊豪大师在酒店大堂吧(图6-1)与咖啡厅的天棚上设计了波浪形的造型吊顶，并且在波浪吊顶内隐藏LED暗槽灯，利用LED灯可变色的特性，采用电脑控制，从早晨到晚上产生四种色光的变化。早上是玫瑰色的朝霞，到中午转变为白光，到傍晚是橙色的晚霞，到晚上又变为大海的蓝色光，光色加波浪顶还的确为800m²的咖啡厅增色不少。

图6-1　酒店大堂

　　"海船"的设计还颇费了一番周折，将建筑的首层屋面上设计成一个巨型水池，水面上漂浮着一艘巨大的帆船，木船采用钢结构做成船形，外围护采用了旧船板。船的造型几经斟酌选用了英女王一世第一次去西班牙考察时乘坐的"玛丽亚"号探险船，采用了1:1的尺寸，在船肚内设计了一个酒吧——"船吧"（图6-2），船的四周的屋顶水池，半米深的水让人感到船在水中的真实感。桅杆和船帆多是真材实料按西班牙的样式做成。"海船"这一特殊的形象不仅承载了"海"的含义，而且本身就是一个优美的造型。所以在酒店的庭院游泳池内也放置了一艘，以强调这一设计概念。

　　西班牙是"斗牛"的王国。红色的斗篷、黑色的斗牛，强烈的对比，视觉冲击力非常大。在设计中也选用了两个形象来表现"斗牛"、"斗兽场"、"牛"。

　　斗兽场，圆形，红砖砌筑，一圈圈一

图6-2　船吧

层层节奏感很强，券拱带有一些伊斯兰建筑的符号。原本西欧传统建筑的围合关系十分明确。每个空间的形态也非常固定。空间与空间的流动性和联系仅仅通过门窗来达成。但我们考察格拉那达市最古老的斗兽场时，却发现建筑界面之间的划分早在数百年前已呈开放型的了，券拱、连廊、错层造成了空间的流动感，将苍穹引入建筑之内，使有限空间变得无限博大。大师将进入大堂的第一个功能区——大堂，用斗兽场的建筑符号来构筑，形式感很强烈，由于采用八条柱子构成一个圆形，产生虚实结合的围合关系，模糊了空间的界面，空间的流动感很强烈，非常美，让客人一进酒店立刻被迎面扑来的西班牙的斗牛场的气氛所感染。更主要的是这个创意与空间形态、使用功能非常吻合。当然如果这八条柱子采用红砖来砌筑的话，斗兽场的气氛可能将更加浓烈一些(图6-3)。

图6-3　小宴会厅

图6-4　斗牛剪影

图6-5　庭院雕塑

更有趣的是"牛"的形象，采用了二维、三维的表现形态。二维是采用剪纸的形式将牛头的剪影很艺术地表现出来(图6-4)。这儿有一个故事，当年笔者随着业主、设计方案的考察组去西班牙采风，从马德里去毕加索的故乡马拉加，在回来的高速公路上，笔者远远地看见一尊黑色斗牛在逆光中是那么高大威猛，金色的天幕衬着一尊黑色斗牛的剪影，落日的余晖给黑牛镶上一轮金边，太壮丽了。呵！这就是斗牛的形象！走近了才发现是一个用钢板喷黑漆做成的一个巨大的斗牛的剪影，是一个广告标志。数年过去了，这一景象恍如昨日。没想到，大师也被这一情景所感动，并记录下来。后来设计成庭院中的一个斗牛的剪影，坐落在绿色的草坪上(图6-5)。

更有趣的是，斗牛的形象还被做成了垃圾桶(图6-6)、门把手，斗牛的标志色——黑色与红色被使用在更多的空间里。进入酒店入口一定要经过一条甬道，甬道一侧狂奔来六匹斗牛，野性的北非斗牛，体重四五百斤，咆哮着，鼻孔喷出热气，低首狂奔，不可一世。

表现西班牙主题，当然是从西班牙的文化中挖掘题材，如著名的塞万提斯的"堂吉诃德"也被用雕塑的形式置放在花园之中(图6-7)。当游客欣赏着这尊雕塑时，不仅会被唐吉诃德的形象所吸引，而且还会对这一充满艺术氛围的设计发出赞叹。

图6-6　垃圾桶　　　　　　　　图6-7　堂吉诃德雕塑

但更多的还是从西班牙的建筑和生活上来寻找符号和元素。从西班牙传统的建筑艺术中去吸收营养，西班牙的传统建筑是欧洲建筑伊苏的一个部分，它保持了古典欧式的符号和纹样，又吸收了伊斯兰建筑的风格，因为在十四、十五世纪，西班牙的南部曾被伊斯兰民族统治。故其建筑中也留下了其遗痕。

笔者一行曾沿着马德里的大街小巷走了两天，拍摄许多的铁艺、各种门式、围栏的照片，甚至在旧家具市场中采购了带有西班牙特色的大门大小陶罐。从建材市场上买回来许多陶瓷片，有的是成组瓷片，一组16片，每片一个画面，讲述了从种葡萄到酿酒的过程，回来后加以处理，研究它们的制作工艺与材料特点，力求在使用时尽可能保持其风格的原汁原味，业主还在马德里的菜市场中买回了33个骑士装酒用的酒囊，酒囊是用黑色马皮做的。袋口加一个木塞子，买回来后吊挂在酒吧台上别具一番风味。这些从西班牙人日常生活中收集来的用品更易表现西班牙这一主题特征。

西班牙的旅游业是该国的一个支柱产业，十分兴旺。所有旅游者都会被邀请去欣赏著名的西班牙的民间艺术——佛朗明戈。佛朗明戈的舞蹈是西班牙的传统艺术，最早是由一群不合群的堕落贵族创造，流行于民间，以表现社会底层人民的愤世嫉俗的情绪，经常伴着吉卜赛吉他合奏。表演者的舞步和踢踏、跺脚的节奏，扭动的身躯和手势极力渲染着一种倨傲凛然的神情，表现出舞蹈者的火热之情和浪漫旋律。由于是民间艺术，旅游者往往都被安排在夜晚去乡村度过这愉快的夜晚。表演场地多在民居之中，一条长长的空间，旅游者沿墙而坐在木凳上，中间留出一块地方供舞蹈者表演，弹吉他和唱歌的坐在门口。一个演出队不过5~7个人，没有舞台、没有特别的装饰，只在墙上挂着一些日常生活用的锅碗瓢盆勺子之类的。演出场地就在乡村民居之中，更蕴含着民间通俗艺术的味道。

在洲际酒店的某些客房或走廊的墙壁上都挂着一些佛朗明戈的艺术招贴。在花园中的池畔吧边还立一组载歌载舞的佛朗明戈表演者的雕塑(图6-9)。

图6-9　　表演者雕塑

二、个性空间

当我们明白了什么是"主题酒店"和如何来表现主题之后，有一种现象是无法在设计中回避的。这就是在超大型的建筑群体中仅采用一种"主题"往往可能会产生两个弊端：一是建筑室内空间的设计元素的使用过于单调，一是某些使用空间功能与形式难以吻合。在这种情形下，我们通常以"个性空间"的处理手法来解决上述弊端(图6-10)。这种"个性"是指与"主题"无关联的设计元素，在大型的主题性的有着统一风格的建筑空间中来一点别有风味的、独特的设计符号不失为一种较好的设计处理手法。它的优点在于"对比产生强调"和"丰富吸引眼球"。"对比产生强调"——对于两种或以上的空间处理，只要空间具有相对独立性，空间较大，表达出的信息量也较大，使用不同元素，将产生对比，更加衬托出主题；"丰富吸引眼球"——设计符号丰富，不会产生审美疲劳，能更好地引人注目。例如，在深圳华侨城洲际大酒店的设计中，除"西班牙主题"之外，陈俊豪先生另外还采用了五种个性完全不同的设计元素。

图6-10　个性空间

（1）现代几何形的设计元素——"圆"。以"圆"为设计母题，衍生出各种材质、各种规格、各种形态的"圆"的符号，将这一现代元素装饰于法国餐厅之中。

设计母题的手法是选用一个形象并衍生出一个一系列的类似的形象，可以有材质、规格、肌理、维度、残缺、颜色上的区别。

餐厅的入口吧台和顶面上的造型，强调了"圆"的概念，在开敞式厨房的玻璃隔断上，客人休息等候区的装饰柱等地方都匠心独运地设计出不同的圆——圆圈式圆球，营造出了温柔缠绵的气氛，很符合法国餐厅所要求的浪漫。那么为什么圆形可以产生这种情调呢？圆形是由曲线组成，曲线在知觉心理学中是一种温顺和善、流畅的线型，带有阴柔美。它表现出和谐美满，浪漫与温柔的情感。设计师准确地抓住了这些要求并将它表现出来。系列的视觉形象并不等于就用同一类似形象。更多的是强调形象之间的关联。按照过去"朴素现实主义"的观点，在一个物理对象和心理感知到的形象之间是没有什么区别的，心灵把握到的形象，就是这个物理对象本身。而现代知觉心理学的观点，则认为"人所知觉和抽象出来的形象并不是建立在与客观对象细小部分的等同上，而是建立在它们本质结构特征之间的一致性上"（摘自W. 沃林格的《抽象与移情》）。例如在法国餐厅中，陈俊豪先生使用了二维的圆圈和三维的圆台、圆球，甚至只有一段圆弧线等(图6-11)。这些残缺的圆和完整的圆，二维的圆和三维的圆有较大的不同，但其线型的本质结构却是一致的。在设计中如果强调了形的系列性，那么最好在材质上则强调其差异性，这样容易产生统一而又丰富的效果。

图6-11　圆的应用

（2）巴西风格的设计元素——装饰出巴西烧烤屋(图6-12) 。巴西是南美国家，烧烤是巴西民间盛行的一种烹饪手法，所以设计师采用了烧火的木头的截面作为一种设计符号，用南美人惯用的蓝绿色皮革和多彩条纹来装饰。室内还安排了墨西哥风情小乐队的现场表演，借以烘托气氛。

图6-12　巴西元素

　　（3）泰国风格的设计元素——营造出东南亚餐厅的独特环境。原来西班牙主题是西方文化的渲染，在其中掺进一点东方的因素也没有什么不可以。更主要的是各个空间的"形式"一定要与其"功能"相吻合。在该空间内，其中许多木雕、佛像都是业主直接从泰国南部城市——清迈采购而来，由于诸多饰品和建筑符号均原汁原味地来自于泰国本土，所以恰到好处地点缀出东南亚餐厅内浓郁的泰式风情和环境氛围。

　　（4）教堂——婚礼中心。在日本和欧洲国家，结婚都要到天主教堂举行仪式，特别是日本，几乎每一个五星级酒店都设有婚礼中心，其形式几乎都是天主教堂的礼拜堂，婚礼主持都是由牧师兼任。在洲际酒店的室内设计中，业主大胆借鉴了这一方式，开创了国内酒店的先河——在五星级酒店内设置婚礼中心的功能。

　　（5）中式风格的设计元素——大漆雕，银镶玉(图6-13)。在传统的中国文化中选用漆器工艺作为设计元素来使用，不但说明了设计师对中国传统文化的深厚功底，也走出了一条与众不同的路子，颇有一些新意。漆雕确实别有一番情趣，鲜艳的砖红色和细腻的雕刻手法充分体现了中国风情；在传统工艺中还有一种高贵的品种——"金镶玉"，这一次把"金"改成了"银"，其实是用镜面不锈钢来做成的，使得传统中透着一股现代感。

图6-13　中式元素

　　华侨城洲际大酒店的室内装饰无论是"主题风格"还是"个性空间"都完整地实践了"后现代派"的流派特征——文脉、隐喻、装饰，具有非常鲜明的后现代派的性格。

　　虽然在"个性空间"中掺杂了一些其他风格的处理手法，用某个地域或者某个民族的文化符号，但其所占据的空间面积并不太大，所以，作为一个整体而言，华侨城洲际大酒店的室内设计可以说是一个典型的"后现代派"作品(注：本章节所用照片均摄自深圳华侨城洲际大酒店)。

第二节 为"威尼斯新娘"梳妆
——记深圳威尼斯大酒店室内装饰工程施工组织

随手翻开一篇十年前的短文，文中重点谈到了中国第一个主题酒店从设计到施工是如何打造的，似乎觉得对我们正在讨论的当代中国室内设计主要流派之一"后现代派"的理解有所帮助，姑且作为一个典型的案例分析，呈献给诸位。

在这里要特别感谢一位德高望重的企业家——张朝煊先生，是他率领我们从这个项目开始走上了一条五星级酒店的研究之路。这本文集虽是个人署名，其实应是深圳长城家具装饰工程有限公司整个团队的研究成果。

这家酒店的装饰设计是陈俊豪先生亲自操刀的。他带领数名设计师长期驻守现场，日夜拼搏。在聂国华董事长的领导下，业主方、设计方、施工方通力合作。业主方的谢滔副总经理，施工方的设计部同仁特别是顾崇声总工程师为该项目的设计做了大量的工作。

目前，一位仪态万千，浪漫柔情的"威尼斯新娘"在圣西奥多守护神的陪伴下，乘着"贡多拉"船，从万里之遥的地中海起航，经过数百个日升日落，漂进了中国南海的深圳湾，落埠于华侨城内。当人们轻轻撩开她的神秘面纱时，无不为"威尼斯新娘"的尊贵所折服，无不为"地中海文化"的浪漫而惊叹——这就是深圳威尼斯大酒店(图6-14)。

我们对于"美"的追求从未停止，我们从沉淀的历史文化中挖掘精髓来美化我们的生活，使之"承前启后"；从遥远的西方文化中汲取营养来装典我们的家园，让其"入境结庐"。深圳威尼斯大酒店的建筑就是一个最好的例证。

图6-14 威尼斯大酒店外景

深圳威尼斯大酒店的建筑装饰艺术是典型的意大利古典装饰风格，她既集中体现了地中海建筑文化特征，又是威尼斯历史风情的具象化，而这个来自西方的"古典美"的"新娘"却是由东方人打造的，更具体地说，威尼斯大酒店装修工程是由华侨城房地产集团投资、由香港陈俊豪设计公司设计、由深圳长城家具装饰工程有限公司施工的。

一、一首"主题变奏曲"

首先让我们浏览一下威尼斯城市的艺术特点：威尼斯位居地中海，阳光充盈，日晒时间长，因此，当地建筑为遮挡日光，喜欢设置"百叶窗"。威尼斯因水而闻名于世，是一座水城，"贡多拉"船穿梭于盈盈碧波的流水之中，充满古典情趣的"单拱涵桥"又将弯曲的小河点缀得更加富有生气，"石材马赛克"的拼花地面随处可见，它让艺术溢满了威尼斯的每一个角落。"砂岩"墙体点点斑痕记载了地中海历史文化的遗迹，让人发出怀古之忧思。公爵府的"拱廊"、威尼斯的"飞狮"、手执盾牌，脚踏鳄鱼的"圣西奥多"，哥特式教堂的"四尖券拱"，这众多的城市建筑文化特征，像音符一样组成了一首风格独特的"地中海文化"曲。

深圳威尼斯大酒店的建筑装饰艺术正是取材于这首"乐章"的音符，又根据建筑本身的空间形式加以演变和衍生，构筑了全国第一座以威尼斯地域文化特征为主题的"主题酒店"，或者说是一首"威尼斯主题变奏曲"。

一位建筑大师说：所谓"主题"就是将建筑与某种特定的文化拉上关系。威尼斯大酒店"主题"就是浪漫，尊贵的地中海风情。从建筑装饰艺术的角度来看，"梳妆人"正是抓住了这种风格，从"变奏曲"中的"引子"——室外车道装饰铺垫过渡，逐步进入第一次"高潮"——大堂装饰(图6-15)，再转入悠扬的"慢板"——连廊装饰(图6-16)，进而达到第二次"高潮"——宴会厅装饰(图6-17)，节奏缓急得宜，旋律紧紧围绕"威尼斯"的主题。

图6-15　大堂装饰

图6-16 连廊装饰

图6-17 宴会装饰

　　刚踏入深圳威尼斯大酒店的领地，还未入大门，您便被外廊车道两边散发着浓郁的气息和特有的文化符号所包围，溪水长流、水影朦胧、闪烁的灯光、起伏蜿蜒的坡道引您向前，远远望去，一艘"贡多拉"船停靠在"单拱涵桥"边。

　　直步上桥，就进入了酒店大堂之内，天顶上飘着蓝天白云，石材马赛克拼花图案撒在地面，沙安娜米黄大理石构成的地中海式的柱头柱式，砂岩装饰的墙体古老而沉重，宣泄出一种怀旧的情绪，像是在怀念逝去的岁月。墙上柚木百叶窗中射出若隐若现的灯光，石桥下河水静静流淌。地中海神话中流传着有一个头生羊角的神，它会给人带来幸福吉祥，运用这个典故，塑造出一个"四面铜雕像"置放于大堂中央喷水池之上。水池周边一座红瓦木栏的廊亭，轻轻的音乐从廊亭上传来缠绕着铜雕像，令人心迷，令人陶醉。好一个"圣马可广场"的街景。可以说大堂装饰是"主题变奏曲"的第一高潮。大堂进入到各个区域都用桥相连。过桥后有百米连廊，在连廊顶面的"四尖券拱"上静静流露着哥特式的异国情调，不由得让人激昂的心绪宁静下来，这个连廊是一个过渡空间，也是一个交通枢纽，它南连宴会厅，北通咖啡厅，东接旋转楼梯。

经过连廊的铺垫之后进入到了宴会厅。装饰艺术的变奏曲又掀起一个高潮。宴会厅的装饰素材取自于1709年的一座威尼斯贵族沙龙，它紧紧抓住了沙龙中雍容华贵的气势，极力渲染出一种"尊贵"。700m^{2}天花由两组贝壳造型的艺术天花所构成，层次丰富，造型复杂，而且不惜用大面积24K金箔来饰贴。四周墙面采用米色石岩作贴壁柱，两柱之间用大幅反映贵族沙龙生活场景的油画来装饰。深柚木的大门宽阔厚重，门的厚度等于平常门的两倍，体现出该空间不凡的气势。地面手编地毯的图案极富丽复杂，与金色的天花相呼应。整个空间，珠玉交辉，金碧辉煌，美如天境。如果说"变奏曲"的第一个高潮是吟诵着一种轻松的"饮酒歌"，那么这第二个高潮则是C调男高音的"我的太阳"。

连廊北面是咖啡厅，它却呈现出一种休闲的氛围。在480平方米的空间中，整个地面采用了"石材马赛克"拼花图案，在用埃特板分割成条块状的造型天花上彩绘了威尼斯的分区地理拼图。砂岩雕刻的罗马柱头，意大利特有的比萨炉、煎锅，别有风味，尤其令人称绝的是通过玻璃墙，将室外水景，绿色园林，婆娑树影引入室内。借景生情使空间充满了绿意，充满了柔情(图6-18)。在这喧闹的城市中，寻觅到一隅心灵的宁静之地。

图6-18　咖啡厅

连廊东面有一座四层的"旋转楼梯"，它的柱式、扶手式样均来自威尼斯的一座历史悠久教堂的楼梯。古老的造型使人浮想联翩，实木圆柱，方圆结合的扶手及石头雕琢成的花盆，点点滴滴都散发出古典美的信息。我们拾阶而上，一层层盘旋上升，一步一步走进美的"天堂"(图6-19)。

好了，这些描述大约能够将这位"新娘"风采的轮廓勾画出来了吧。

要为这位"新娘"梳妆可不是想象中的那么容易，她身高64m，有19层，总建筑面积近六万平方米，精装饰面积4万平方米，可谓是一个庞然大物了，仅在现场施工就动用了上千名工人，还有37家外协厂商，耗时近三百天，使用了十二类七百多种材料，石材一项就有4万余平方米，这不能不说是一项大型的系统工程了吧？在这个项目的施工组织中，我们运用了"三个机制"，实施了"三个控制程序"，采用了"三大非常规的技术措施"。

图6-19　旋转楼梯

二、"三个机制"的运用

"三个机制"其实是长城公司的镇司法宝之一，即"激励机制、制约机制和内部竞争机制"。

"激励机制"作为一种工地管理制度，它主要是要让每一个班组，每一个员工都具有昂扬的工作姿态，有一个明确的工作目标。它激发出人的潜能，并促使人自觉履行自己的职责，"不用扬鞭自奋蹄"。把"激励机制"的条款交代给每个员工，从物质上给奋发的员工以实惠，从精神上尊重认可员工的劳动成果，提高他的自信心。其结果使员工由被动地工作成为主动地工作，大大地提高了工作效率。

"制约机制"是相对"激励机制"而制定的，这个工地，在施工高潮时，工人达上千人。如何规范员工的行为，不仅要有鼓励，也要有处罚，作为管理制度，我们把"激励"比作"仁爱"，把"制约"比作"规矩"，对违反工地制度的人或事进行制止和处罚。规矩员工的行为准则，使之与整个工地的行动保持一致，不逾越雷池一步。一个有法制的团队才是一个真正有战斗力的集体。同时在工程质量上也存在互相监督检查的要求，比如工地实施的"三检制"工人的自检，班组的互检，上下工序检就是典型制约机制。它的执行大大地减少了不合格项目的出现，有了问题，工人就自己进行返工。在本工程中，有许多半成品构件需外协、当外协厂的半成品在加过程中和到工地后，质检员检查不符合质量要求，马上返工或退回，这也是协作厂家与工地现场的"制约"。层层把关，层层制约，是本项目能取得上乘的优质结果的原因之一。

"内部竞争机制"是针对施工中的班组而言的。在施工中我们组织了六个装修施工班，2个给排水施工班，1个电工班，1个金属焊工班，1个杂工班。在班组之间掀起一个你追我赶的竞赛热潮，在主楼上，每个装修班组负责一层客房施工，在裙楼中，每个装修班组负责一个区域的实施。在施工组织中，我们在主要工序，如客房的木作项目、油漆项目、卫生间的石材铺贴，完成后都进行单项评比，整层客房或几个区域完成就进行综合评比。对其中优秀者运用"激励机制"予以葆奖。对有质量问题者用"制约机制"进行处罚，令其返修，直至达到要求为止。

三、"三个控制程序"的实施

在"三个机制"的制度运用中，针对工地上的具体情况，我们又规定了"三个控制程序"，即"质量控制程序"、"成本控制程序"和"资金控制程序"。一个项目的质量优劣，成本高低不仅在于其管理制度，更重要的在于管理方法。程序中规定的内容其实就是具体的管理操作方法，比如在"质量控制程序"中，我们把施工的全过程划分成二十个程序，每一个程序中的具体工作内容由谁主持，由谁来参加，由谁审批，由谁检查校对都作了明确的规定，这样就责任到人，哪一个环节出了问题，应该由谁负责，负什么样的责，就很明确，减少了"踢皮球"现象。为了方便在工地中操作，我们把这些内容全部表格化，使现场管理人员和班组工人易于使用，快捷便利。工人反映：看得清楚，用得踏实；管理人员说：步骤明确，责任清晰。

在工地上我们提出要把过去靠经验管理的那一套科学化，要科学管理。科学管理主要抓两条一是"严格"，二是"量化"，在"成本控制"中最能反映"量化"的结果。

在"成本控制程序"中，根据本工程的施工组织，我们把它分成了四个部分，材料成本控制、质量成本控制、人工费用控制、管理费用控制。在整个工程成本中，材料费占用了65%~70%左右，抓好了材料成本控制，就抓住了本工程成本控制的大头。在材料采购中，按照样板要求，参考预算控制价，实行"三比价"制度，我们要求材料部要设法直接找到生产厂家或总代理供应商，尽量避开零售代理商，并且要货比三家，要比材质、比价格、比服务。在满足质量要求的前提下，材料采购主要是价格控制和数量控制。要求施工员下料单数量准确，工完料尽，减少剩余材料，也要减少重复采购。本工程特殊加工的构件量很大，我们在外协厂加工时，都是先做样板，等样板修改确定后，再让三家以上的加工厂报价，以合理的价格来采购，避免由于没有样品，询价不准确的弊病。同时在采购过程中，让采购者与监督者分离，充分运用"制约机制"，以达到廉洁、高效、高质、低成本的目的。在管理费用的控制上，其关键点是缩短工期，工期越短，管理费用越低，项目部对各个班组所承担的子项的工期计划，施工方案要合理，可行，均衡施工，防止窝工停工，尽量缩短工期。事后经过实际成本与计划成本的量化对比，对成本考核的优秀者或班组实行"激励机制"。

"资金控制程序"实施的关键点是认真履行合同，及时催收工程款，保证资金及时到位，加速工地资金周转，提高资金的使用效率。资金的使用既要防止材料的积压带来资金的呆滞，又要保证材料及时供应。因此它牵扯到数个部门的通力协作，首先是项目经理对当月的资金使用心中有数，并对后两个月的资金调度作出计划。其次是现场工程主管对施工进度，材料使用的品种数量，到场时间有一个明确的要求，材料组对采购周期把握准确，什么材料周期长，该先订，什么材料可随叫随到。这些信息要统筹反馈到财务组后，由财务组按轻重缓急先后顺序制订付款计划，做到资金的合理调度。

这三大控制程序就像一股股的蕨麻，复杂而有序，你中有我，我中有你，扭成了一条大绳牵引着整个工程到达胜利的彼岸。

四、三大技术措施

"威尼斯新娘"其实并没有"新"字，按照设计师的创意，倒是要把她打扮成"旧"，让她散发出一种怀旧的情愫。让一栋新的建筑变"旧"颇费脑筋。我们紧紧抓住建筑室内装饰的两大主要材料：木材和石材进行饰面处理，制定出一套"新材旧化的技术措施"。木材的饰面主要靠油漆来处理，按行业规范，只要作四道工序的油漆工艺，我们改为13道工序，使木材的饰面效果达到设计要求。在石材的处理上就远比木材的处理要复杂。这个项目大面积使用了沙石，沙石的颗粒结晶较粗，很适合表现"地中海"风格，但其颜色太白，要体现"旧"的味道，只有把"白色"变成"草纸黄"，我们利用沙石结晶之间的隙缝易渗透的特点，经过五十多次的试验，特制了一种染色剂，经"烘"→"浸"→"磨"→"烘"→"刷"→"染"→"涂"共7道工序，终于达到了理想的饰面效果。

在七百多种装修材料之中，各种"石材马赛克"拼花就有36种，这类艺术性很强的材料，目前还不能完全机械化生产，只能半机械化半手工生产。因此生产出的产品、规格、效果每一件都存在一些差别，可是，咖啡厅的地面石材马赛克拼花面积有480m²是采用同一图案四方连续的组合方式，要保持统一的效果就要尽量消除这种差别。还有"石材马赛克"的铺贴，目前尚无成熟的工艺。所以如何加工制作，如何铺贴"石材马赛克"这类产品，也需要特别制定出工艺程序，质量标准和配料比例，经过多次试验、研究，我们又为这个项目提出了"石材拼花马赛克加工铺贴技术措施"，甚至还特制了铺贴的工具，并经过层层推广，让参加施工的每一个工人就了解到这个措施的工艺特点和关键工序，保证了施工质量。

威尼斯大酒店的精装修施工变化最多的是其顶面施工，难度最大的也是其顶面，宴会厅350m²大的艺术造型顶，连廊200m²的"四尖券拱"顶，大堂600m²的"双曲面拱顶"都是非常规作法，对于这些特殊构件，用什么工艺实施，施工作业指导书如何编制，用什么质量标准来评验，构件如何预制才能达到国家有关标准，这都是在施工中需要解决的课题。我们根据国家相关的一些规范和本公司的"质量手册"，特别将大家多年施工积累的经验，共同研究，拿出了一套"特殊天花施工技术措施"。例如宴会厅的天花造型极复杂，只有用玻璃钢来翻模，根据现场尺寸，放样后，我们做了一个角，待设计确认后开始将整个造型分成12块翻模，尔后再到现场拼装，表面批灰，刮平，贴金箔基层处理等。这些施工工序每一道都有详细的制作要求，检验标准，甚至连采用什么工具都作了明确规定。这个造型天花在材料的处理也费了一番周折，常规的玻璃钢材料阻燃性能达不到国家规范的要求，为克服这一难题，我们与材料生产厂磋商在不饱和树脂中添加阻燃剂的方法来提高玻璃钢树脂的氧指数，使其阻燃性能大大改善，达到了相关标准。

这"三大技术措施"虽然高科技成分不是很多，但它的制定填补了目前行业施工验收技术规范的某些空白。算是对装修施工经验的一个总结，使靠经验施工的工艺规范起来，也是我司走"科学管理"之路的一点成果吧。

"威尼斯新娘"已梳妆整齐，正笑迎四方宾客，她的美丽有待众人评说(注：本章节所用照片均摄制深圳华侨城威尼斯大酒店)。

第三节　三个观念的思考
——日本东京六本木君悦酒店考察报告

随同业主方组织的考察，笔者在2005年6月到日本东京对当地8个著名的五星级酒店，进行一次深入考察。通过考察研究和比较分析，有一些心得，来与大家分享，不妥之处，敬请指正。

一、"以人为本"的设计观

从人类的发展史可以看出，人们一直在努力改造自己的环境，希望创造更舒适的居住环境。我们把准备进行改造的思考过程用各种形式表达出来，就是"设计"。改造的实施过程就是施工或者生产。"设计"表达有三种不同的境界，这种境界体现出设计师的思想高度和设计水平。

1．第一种境界："技术含量"

任何一种产品的设计，满足使用功能是最基本的，同时也要能满足生产工艺的要求。设计师能根据当时的生产力水平，采用当代新技术、新工艺、新材料，即在产品中包含一定的"技术含量"。这个要求仅仅是对设计作品的基本要求，属于第一种境界。

2．第二种境界："以人为本"

"以人为本"是一个很大的话题，很多人都在研究它。在生活中人受之于物，人与物的关系倒置，引发了许多人的反思，人不应屈从于物，人是主体，物是客体，人只有摆脱了物的统治其个性才能得到升扬。笔者这只是从低层次谈"以人为本"。有一个人叫司马云杰，他研究"以人为本"的层次比较高，他写了一本《价值实现论》。从人类追求世界统一性的角度，分析了人与自然、人与社会的关系。他指出自然是人类生存的源头和依托，自然界的延伸是人类和文化精神史存在的载体，文化精神是人类价值思维的肯定形式，它超越个人存在的具体的社会时代而存在。司马云杰谈到人是存在于具体的"文化环境"、"情境情势"的结构中，而文化环境、情境情势及生活细节是存在的方式，这种方式的演变就发展出了人的不同习性、心理和行为，构成了人的独一无二的本质。离开了文化环境、情境情势和生活细节人也就不能意识到自我的存在。我们做室内设计的正是应该从这三点出发来解读"以人为本"——文化环境、情境情势、生活细节。在建筑的内部空间创造出各种各样的文化环境，烘托出丰富多彩的情境情势，以充满人性的生活细节来表达设计思路。做到了这三点，设计就可以成立。

强调物为人用，在设计中需要许多生活细节来充实。我们看看东京君悦酒店的室内设计，在客房设计中处处都体现了这种方法。比如，在我们常规的客房设计中，会将电源插座安装在离地3cm的墙面上，而恰恰是这样的常规设计给客人使用上带来了诸多不便。而东京君悦酒店则是把电源插座安置在台面上，同时为了安全和美观，用一块盖板把它遮盖起来(图6-20)。

图6-20　电源插座设计

君悦酒店这一细节的准确处理正是对"以人为本"设计观的最好诠释。在观摩东京君悦酒店的整个过程中，对于另一个经常困扰客房设计的点睛部分，在这里我也得到了很好的启发。他们将床头灯设计成点光源，光圈刚好满足客人的个体需要且又防止了外散，并且将矩形的床头柜处理成三角形(图6-21)，使另一个三角形成为泛光。虽然对于这些细微部分的处理在技术上并没用多大难度，但日本同行对细节部分拿捏得如此准确到位也不得不表示欣赏和赞同。在同一空间、同一时间，他们尽可能做到了尊重人们生活习惯的差异性。

如果把"以人为本"上升为对人权的一种尊重，那么对人权的尊重就要基于从尊重个体的点点滴滴开始。所以我们要求设计要"以人为本"且要极具个性化的一面。

图6-21　床头柜设计

3. 第三种境界："天人合一"

在设计中体现出"天人合一"的哲学观，也就是笔者要说的主要的一个观点。

二、"天人合一"的哲学观

"天人合一"是东方传统文化最根本的命题，是中国古代哲学中对于人与自然关系的一种最基本的观点。"天人合一"的"天"是指无所不包的大自然，是客体，"人"是指天地共生的人，是主体。"天人合一"是主体融入客体，形成两者的根本统一。老子说："人法地，地法天，天法道，道法自然"。他认为把自然界看作是一个大天地，而人是一个小天地，大自然的天象变化与人体的变化有着直接相互感应。人的生命是不断地与自然界进行能量、信息交换而维持其运动的。

这个"天人合一"的哲学观广泛地被中外历代的哲学家所接受，被各个行业领域加以引用，它的内涵和外延被不断地发展而变得非常广泛。由于"天人合一"是一个很大的课题在这里这只能从两个基本点来谈：

(1) 空间序列。天人合一的哲学观认为大自然的生命在于阴阳的结合，这个观点在周易"阴阳五行"中描述得很细致、很具体，阴阳是自然界中两种最根本的力量，建筑中有"负阴抱阳"之说。老子说"万物负阴而抱阳"。易经说"一阴一阳谓之道"。在建筑中其空间的格局以负阴抱阳，背山面水为最佳选择，在现代城市的建筑中，负阴抱阳

图6-22　君悦酒店五层天台上的和式餐厅

不一定要有山有水，因为建筑实体属阳庭园为虚属阴。这样一来就形成了阴阳相成，虚实相间的空间序列关系(图6-22)，在空间的序列中充分体现天人合一的的观念。这样的空间序列具有"藏风聚气，通天接地"的功能。空间序列还讲究空间的流动。用通透的玻璃将庭园的虚空间引入室内之中，既扩大了室内空间感，也解决了日照、通风、保温、隔热、防噪五大问题。

（2）崇尚自然。在君悦酒店的餐厅内，设计师使用了天然的石头作墙体、吧台、餐桌。在这里我们看到的是崇尚自然引入自然的生态精神，将天然材料引入到人的日常生活之中，拉近人与自然的关系，让人与自然相融合。把自然看成是人化的自然，把人看成是自然的人化(图6-23) 。

图6-23　自然材料的应用

　　自然材料的应用。在围合的空间中我们引入自然材料来表现人和自然的关系。"负阴抱阳"认为山石为阳，流水为阴，现代材料中玻璃则表示水。在东京君悦酒店的和式餐厅设计中我们能非常强烈地感受到设计师运用自然材料创造环境气氛的用意(图6-25)。他只采用了两种主要材料：山石——阳，流水——阴。用山水和阴阳的交替处理使整室内充满了一种浓厚的东方文化环境，把"天人合一"这一深奥的哲学观念用可视的实体形象来加以表述。我们可以看出其用心良苦。他在室内采用大块的山石和大片的玻璃相互烘托对比，餐台、柜台，甚至连收款台都采用真山石来表达，给人以返璞归真，回归自然，置身于山林之间的感觉。为防止山石的粗糙肌理影响客人的使用，他在规整的璃和自然形态的山石之间又陈设了丛丛青竹，飘洒俊逸，从而烘托得整个环境更加清新自然，处处散发着一种随意之美，使人流连忘返。

在此之前，我一直在思考如何在我们的设计中体现出哲学精神，苦无他法，而君悦酒店餐厅的实际案例使得我心有所悟。

三、"工业化生产"的技术观

室内装饰的发展方向就是要跳出半机械、半手工的传统制作方式，把工厂化的大生产的特性凸现在人们眼前，如果我们不打破传统装饰半机械，半手工的状况，那么装饰产业的发展就是一句空话。而对装饰行业工厂化而言，设计要做好两方面的工作：一是构件化，二是标准化。

构件的制作与安装分离在工厂采用机械加工，做半成品或成品，甚至是总成，整个生产加工过程批量化进行，而后运到现场进行装配。可以这样说，这种施工组织方式相对传统的施工组织方式而言是一次"革命"。也只有进行工厂化生产，部件、构件和总成，才能更精确、更快捷地完成装饰工程，因此我们室内设计要能使产品构件化。

三大施工专业需要标准化。

传统的装修施工有三大主要工种：木工、油漆、泥工。"高技派"的施工也有三大主要工种：钣金工、玻璃工、石材工。新三大专业与老三大专业在操作技术、施工流程、检验标准、验收方法均是不相同的。比如：建筑施工的误差是以厘米(cm)为单位。传统的装修施工误差以毫米为单位。"高技派"施工的误差则是"丝"为单位，因为在许多部位上套用了机械行业标准。同时，对施工工人的素质要求，新三大专业要求更高一些，如：钣金工、电焊工、玻璃工均可以套用机械行业的技术级别标准，让我们的施工工人成为真正意义上的产业工人，而不是"半工半农"的工人。构件化的生产需要标准化、构件的设计也需要标准化，我们应向日本学习，在标准化的构件和产品中寻求设计的个性和特点，来满足不同项目、不同功能、不同环境、不同业主的各种不同要求(注：本章节所用照片均摄制日本东京六本木君悦酒店，以上文字根据演讲录音整理。)由于时间关系，无法深谈，也就是抛砖引玉吧！

单元训练与拓展

1. 作品欣赏

广州西塔四季酒店等(网址：http：//www.doc88.com)。

2. 课题内容：XX酒店(或XX地区酒店) 室内设计考察报告

课时：24课时。

教学方式：老师安排学员考察国内外著名的白金五星级酒店的装修。采用与酒店管理公司或酒店建设公司或酒店设计公司的主要人员座谈、参观、住宿的方式深入了解该酒店的装饰特点，特别要多收集各种数据加以分析总结。

教学要点如下。

(1) 在考察中详细了解主要数据，例如建筑总面积、建筑层数、客房数量、餐厅数量和面积等。

(2) 如何将眼睛观察到的现象上升到理论的层次来思考，发掘设计师想要表达的"意境"。

3. 作业要求

写一篇考察报告，该报告要图文并茂，有考察的照片和数据，结合本书各个章节的教学与实际的案例互为对照补充，特别要求要有个人的见解，不要人云亦云。如果发现其不足之处亦可进行反思批评。字数5000字以上。作业统一采用小四号宋体字，16开本装订。

4. 训练目的

让学生对本书第一章中提出的酒店室内设计的各个方面，例如酒店的功能、空间的处理、装饰的手法、材料的使用、气氛的渲染等，有一个全面的综合的了解和比较深刻的直观体验，以加深对本书六个章节的知识的融会贯通。

5. 相关知识链接

(1) 彭一刚. 建筑空间组合论[M]. 天津：天津大学出版社，1998.

(2) (西) 帕高·阿森西奥. 高技派建筑[M]. 高红，等，译. 合肥：安徽科学技术出版社，2003.

(3) (美) 史坦利·亚伯克隆比. 室内设计哲学[M]. 赵梦琳，译. 天津：天津大学出版社. 2009